U0395573

数学分析在初等数学中的运用与例题选讲

王见勇　编著

苏州大学出版社

图书在版编目(CIP)数据

数学分析在初等数学中的运用与例题选讲/王见勇
编著. —苏州：苏州大学出版社，2015.1(2016.6重印)
ISBN 978-7-5672-1020-2

Ⅰ.①数… Ⅱ.①王… Ⅲ.①数学分析-应用-初等
数学-高等学校-教学参考资料 Ⅳ.①O12

中国版本图书馆 CIP 数据核字(2015)第 008971 号

数学分析在初等数学中的运用与例题选讲

王见勇 编著

责任编辑 李 娟

苏州大学出版社出版发行
(地址:苏州市十梓街1号 邮编:215006)
虎彩印艺股份有限公司印装
(地址:东莞市虎门镇陈黄村工业区石鼓岗 邮编:523925)

开本 880×1230 1/32 印张6 字数165千
2015 年 1 月第 1 版 2016 年 6 月第 3 次印刷
ISBN 978-7-5672-1020-2 定价:26.00 元

苏州大学版图书若有印装错误，本社负责调换
苏州大学出版社营销部 电话:0512-65225020
苏州大学出版社网址 http://www.sudapress.com

前言
PREFACE

近年来,在教育面向世界、面向未来的大背景下,原本属于大学数学分析课程的极限、导数与积分等内容,以比较直观与降低要求的面目出现在了新课标与某些中学课堂上,在高考试题中也多有体现.

笔者在总结多年中师与大学师范数学教学经验的基础上,编著了本书,专门讲述数学分析的理论与方法在初等数学中的运用.本书共分极限、导数与微分、积分与级数四章.每一章的内容包括基本理论、方法及其在初等数学中如何使用的例子,用数学分析的基本理论解释中学教材中某些用初等数学知识无法讲透的内容.例如,推导中学数学公式,解释中学数学用表的制作原理等.本书对基本理论的选取以在中小学数学中有比较直接的应用为原则,定理能证则证,不证的给予说明,相对自成体系.由于笔者的目标是引导数学师范生与中小学数学教师从数学分析的高度把握初等数学,所以例子成了本书的重要组成部分.全书选用例子120多个,绝大多数取自中小学数学教材与相关资料.分章来看,第一章对实数理论,第二章对函数凹凸性与不等式理论,第三章对中学数学公式的推导,第四章对中学数学用表的编制原理等分别给予了重点关注.

本书可以作为师范院校数学专业的专科、本科、研究生教材以及中小学数学教师培训教材或参考书,也可以作为中学生的课外读物.对于师范专业本、专科生来说,教师可以在讲完数学分析后单独开课,也可以在讲授数学分析的同时插入本书的相关章节.

本书在选题与写作过程中得到了钱国华教授的大力支持与鼓励，书中采用了闫萍老师提供的许多例子与建议，特此致谢．有些例子选自他人的论文，由于分布较分散，并未在参考文献中一一列出，特此一并致谢．初次尝试，材料选取与体系安排很难把握，书中难免存在一些缺点甚至错误，诚请专家与读者不吝指正．

王见勇

2015 年 1 月于苏州常熟

目 录
CONTENTS

第一章
极限理论及其应用

　　能否正确理解极限的定义,利用定义证明一些简单极限,并会使用极限方法解决一些简单问题,是体现一个人数学功底的重要标志.虽然中学只要求学生能用"无限趋近"的定性描述初步了解极限的含义,会凭直观计算一些简单数列与函数的极限,但是对于教师来说,只有深刻理解极限的定义,并会使用定义证明一些简单极限,才能深入浅出地讲解极限的概念、性质,引领学生初步构建极限的思维与方法体系.为了揭示极限的本质属性,有别于通常教材中使用的不等式语言,本章第一节利用邻域语言给出各种极限的统一定义,这样对极限的刻画变得直观、简洁、容易掌握.本章第二至四节介绍极限理论在实数表示方面的应用,第五节介绍极限思想在初等数学解题中的应用.

§1.1　极限的统一定义

　　极限描述当自变量按照某种方式趋近某数(可以是无穷)时函数值的变化趋势.由于自变量与函数值的变化情况多种多样,按照传统的不等式方法,不同情况的极限需用不同格式来定义,这就使得极限定义纷繁复杂,初学者望而生畏,难以驾驭.但是只要仔细观察,不难发现各种极限所具有的共性与相通的灵魂,如果采用邻域方法,便可给出各种极限的统一定义.

定义 1.1(极限的统一定义) 设 a,b 是两个广义实数(即可以是(正、负)无穷),函数 $f(x)$ 在点 a 附近(某去心邻域内)有定义.若对于任意给定的($\forall$)b 的邻域 $V(b)$,存在($\exists$)a 的邻域 $U(a)$,使当 $x\in \mathring{U}(a)$(去心邻域)时总有 $f(x)\in V(b)$,则称**当 x 趋于 a 时 $f(x)$ 以 b 为极限**,记为

$$\lim_{x\to a}f(x)=b \tag{1.1}$$

或

$$f(x)\to b(x\to a). \tag{1.2}$$

当极限 b 存在且有限时,称 **$f(x)$ 当 x 趋于 a 时收敛**(到 b);否则,称 $f(x)$ **当 x 趋于 a 时发散**.

在定义 1.1 中,自变量 x 所趋近的 a 有六种情况:有限数 x_0,x_0^-(x_0 左),x_0^+(x_0 右),∞,$+\infty$,$-\infty$;函数 $f(x)$ 趋近的极限 b 有四种情况:有限数 A,∞,$+\infty$,$-\infty$.这就是说,定义 1.1 包含了传统教材中的 24 种不同形式的函数极限.若再考虑到数列 $x_n=f(n)$ 的自变量只有 $n\to\infty$ 一种变化方式,用邻域语言给出的统一定义 1.1 涵盖了传统意义下用不等式语言给出的全部 28 种不同形式的极限[1~3].现在只要掌握了有限数 x_0(或 A),x_0^-,x_0^+ 与无穷大 ∞,$+\infty$,$-\infty$ 的邻域的六种不同表现形式,则统一定义 1.1 立即就可翻译成传统意义下的 28 种不同极限的定义.

我们将这种既简洁又能发掘系列事物共同本质的教学法称为"系统教学法".使用"系统教学法"常能帮助我们收到事半功倍的教学效果.

下面使用不等式与区间方法,分别给出六种邻域的不同表现形式(其中 $\delta>0$,$M>0$):

(1) 有限数 x_0(或 A)的邻域为

$$U(x_0,\delta)=\{x\in \mathbf{R}: |x-x_0|<\delta\}=(x_0-\delta,x_0+\delta),$$

相应的去心邻域为

$$\mathring{U}(x_0,\delta)=U(x_0,\delta)\setminus\{x_0\}$$
$$=\{x\in\mathbf{R}:0<|x-x_0|<\delta\}$$
$$=(x_0-\delta,x_0)\bigcup(x_0,x_0+\delta);$$

（2）x_0 的左邻域（或 x_0^- 的邻域）为

$$U(x_0^-,\delta)=\{x\in\mathbf{R}:|x-x_0|<\delta,x<x_0\}$$
$$=\{x\in\mathbf{R}:x_0-\delta<x<x_0\}=(x_0-\delta,x_0);$$

（3）x_0 的右邻域（或 x_0^+ 的邻域）为

$$U(x_0^+,\delta)=\{x\in\mathbf{R}:|x-x_0|<\delta,x>x_0\}$$
$$=\{x\in\mathbf{R}:x_0<x<x_0+\delta\}=(x_0,x_0+\delta);$$

（4）∞ 的邻域为

$$U(\infty,M)=\{x\in\mathbf{R}:|x|>M\}$$
$$=\{x\in\mathbf{R}:x<-M\text{ 或 }x>M\}$$
$$=(-\infty,-M)\bigcup(M,+\infty);$$

（5）$-\infty$ 的邻域为

$$U(-\infty,M)=\{x\in\mathbf{R}:x<-M\}=(-\infty,-M);$$

（6）$+\infty$ 的邻域为

$$U(+\infty,M)=\{x\in\mathbf{R}:x>M\}=(M,+\infty).$$

除有限点 x_0 的邻域与去心邻域不同外，其他五种情况的邻域与去心邻域一致.邻域既可用不等式刻画，也可用区间刻画.由于不等式具有较好的运算性质，极限的传统定义顺理成章地采用了不等式语言描述.利用六种邻域的不等式形式，可将统一定义 1.1 翻译为传统意义下的 28 种不同极限，下面只举六种为例：

（Ⅰ）$\lim\limits_{x\to x_0}f(x)=A\in\mathbf{R}$ 的定义是：

$\forall\varepsilon>0,\exists\delta>0$，使当 $0<|x-x_0|<\delta$ 时，$|f(x)-A|<\varepsilon$；

（Ⅱ）$\lim\limits_{x\to x_0^+}f(x)=-\infty$ 的定义是：

$\forall M>0,\exists\delta>0$，使当 $x_0<x<x_0+\delta$ 时，$f(x)<-M$；

（Ⅲ）$\lim\limits_{x\to-\infty}f(x)=A\in\mathbf{R}$ 的定义是：

$\forall \varepsilon > 0, \exists M > 0$，使当 $x < -M$ 时，$|f(x) - A| < \varepsilon$；

（Ⅳ）$\lim\limits_{x \to \infty} f(x) = A \in \mathbf{R}$ 的定义是：

$\forall \varepsilon > 0, \exists M > 0$，使当 $|x| > M$ 时，$|f(x) - A| < \varepsilon$；

（Ⅴ）$\lim\limits_{n \to \infty} x_n = A \in \mathbf{R}$ 的定义是：

$\forall \varepsilon > 0, \exists N \in \mathbf{N}$，使当 $n > N$ 时，$|x_n - A| < \varepsilon$；

（Ⅵ）$\lim\limits_{n \to \infty} x_n = \infty$ 的定义是：

$\forall M > 0, \exists N \in \mathbf{N}$，使当 $n > N$ 时，$|x_n| > M$.

为了理解极限的本质，利用统一定义 1.1 给出的邻域刻画比较简洁、直观，但要证明一个极限，则用由不等式刻画的传统定义比较方便. 这时极限的证明就转化为从目标不等式出发的解不等式问题，而解不等式则是我们熟悉的操作. 例如，要证明 $\lim\limits_{x \to x_0} f(x) = A \in \mathbf{R}$，就是对于任意给定的一个 $\varepsilon > 0$，从目标 $|f(x) - A| < \varepsilon$ 出发，通过解此不等式，找出一个适当的 $\delta > 0$，使当 x 满足不等式 $0 < |x - x_0| < \delta$ 时，恒有 $|f(x) - A| < \varepsilon$. 以下是取自中学教材与复习资料的几个例子[11].

例 1.1 证明：

（1）当 $|a| < 1$ 时，$\lim\limits_{n \to \infty} a^n = 0$；

（2）当 $a = 1$ 时，$\lim\limits_{n \to \infty} a^n = 1$；

（3）当 $|a| > 1$ 或 $a = -1$ 时，数列 $\{a^n\}$ 发散.

证明 （1）分析 对于任意给定的小于 1 的正数 $\varepsilon > 0$，不等式 $|a^n - 0| < \varepsilon$ 等价于 $|a|^n < \varepsilon$，两边取对数得 $n \ln|a| < \ln\varepsilon$. 由 $|a| < 1$ 可知 $\ln|a| < 0$，故不等式的解为 $n > \dfrac{\ln\varepsilon}{\ln|a|} (> 0)$.

证明 当 $|a| < 1$ 时，对于任意给定的小于 1 的正数 $\varepsilon > 0$，取自然数 $N > \dfrac{\ln\varepsilon}{\ln|a|}$，则当 $n > N$ 时，$n > \dfrac{\ln\varepsilon}{\ln|a|}$. 由以上分析可知这时不等式 $|a^n - 0| < \varepsilon$ 恒成立，故由定义（Ⅴ）可知，当 $|a| < 1$ 时，$\lim\limits_{n \to \infty} a^n = 0$.

（2）当 $a = 1$ 时，$\{a^n\} = \{1, 1, \cdots, 1, \cdots\}$ 是由 1 构成的常数列，故

由定义（Ⅴ）可知

$$\lim_{n\to\infty}a^n=1.$$

（3）当 $|a|>1$ 时，随着 n 的增大， $|a^n|$ 越来越大，故 $\{a^n\}$ 发散；当 $a=-1$ 时，数列 $\{a^n\}=\{-1,1,\cdots,-1,1,\cdots\}$ 的元在 -1 与 $+1$ 间来回跳动，这时 $\{a^n\}$ 也发散. □

例 1.2　证明 $\lim\limits_{x\to1}\dfrac{x^2-1}{x-1}=2.$

分析　对于任意给定的 $\varepsilon>0$，当 $x\neq1$ 时，

$$\left|\frac{x^2-1}{x-1}-2\right|=\left|\frac{(x-1)^2}{x-1}\right|=|x-1|,$$

故不等式 $\left|\dfrac{x^2-1}{x-1}-2\right|<\varepsilon$ 等价于 $|x-1|<\varepsilon.$

证明　对于任意给定的 $\varepsilon>0$，取 $\delta=\varepsilon$，则当 $0<|x-1|<\delta$ 时 $x\neq1$，且 $|x-1|<\varepsilon.$ 由以上分析可知这时 $\left|\dfrac{x^2-1}{x-1}-2\right|<\varepsilon$ 总成立，故由定义（Ⅰ）可知

$$\lim_{x\to1}\frac{x^2-1}{x-1}=2.$$

□

例 1.3　证明 $\lim\limits_{x\to-\infty}\dfrac{1}{x^2}=0.$

分析　对于任意给定的 $\varepsilon>0$，要使

$$\left|\frac{1}{x^2}-0\right|=\frac{1}{x^2}<\varepsilon,$$

只要不等式 $|x|>\dfrac{1}{\sqrt{\varepsilon}}$ 成立.

证明　对于任意给定的 $\varepsilon>0$，取定正数 $M=\dfrac{1}{\sqrt{\varepsilon}}$，则当 $x<-M$ 时由 $|x|>M=\dfrac{1}{\sqrt{\varepsilon}}$ 与以上分析可知 $\left|\dfrac{1}{x^2}-0\right|=\dfrac{1}{x^2}<\varepsilon$ 总成立，故由定义（Ⅲ）可知

$$\lim_{x \to -\infty} \frac{1}{x^2} = 0.$$ □

当 $\lim_{x \to x_0} f(x) = f(x_0)$ 时,称函数 $f(x)$ **在 x_0 点连续**;当 $f(x)$ 在区间 I 上(内)每一点都连续时,称 $f(x)$ **在 I 上(内)连续**.在有界闭区间上连续的函数具有许多非常好的性质,详细内容可以参看文献 [1~3] 等.

§1.2　用极限方法将无限循环小数化成分数

　　数学的发展水平是人类文明与进步程度的重要指标,而数的范围的扩充是数学发展的一个又一个里程碑.我们默认读者已经熟悉自然数、整数、分数与小数的概念与运算等[7,13].分数容易理解,小数方便运算,二者各有所长.本节讨论分数与小数的互化问题,特别是如何用极限方法将无限循环小数化成分数.本节的"分数"特指分子、分母均是整数的分数,分母自然不能为 0.我们将正无限循环小数

$$a. q_1 q_2 \cdots q_{\tau-1} q_\tau q_{\tau+1} \cdots q_{\tau+s} q_\tau q_{\tau+1} \cdots q_{\tau+s} \cdots$$

用

$$a. q_1 q_2 \cdots q_{\tau-1} \overline{q_\tau q_{\tau+1} \cdots q_{\tau+s}}$$

表示,负无限循环小数

$$-a. q_1 q_2 \cdots q_{\tau-1} q_\tau q_{\tau+1} \cdots q_{\tau+s} q_\tau q_{\tau+1} \cdots q_{\tau+s} \cdots$$

用

$$-a. q_1 q_2 \cdots q_{\tau-1} \overline{q_\tau q_{\tau+1} \cdots q_{\tau+s}}$$

表示,其中 a 是十进制非负整数,q_i 是取自 $0, 1, 2, \cdots, 9$ 的十进制整数.以下涉及的整数或小数均指十进制数,不再每次声明.

　　对于 $0, 1$ 之间的既约分数 $\dfrac{a}{b}$,用长除法可以将其表示成小数

$$\frac{a}{b}=0.\,q_1q_2q_3\cdots,$$

其中 q_i 是取自 $0,1,2,\cdots,9$ 的整数. 设求得第 i 步商数字 q_i 时的余数是 r_i,如果记 $q_0=0,r_0=a$,那么

$$a=bq_0+r_0,10r_{i-1}=bq_i+r_i,0\leqslant r_i<b(i=1,2,\cdots),$$

其中 r_i 是某个满足条件的非负整数. 当第一个为 0 的余数是 r_i 时,$\frac{a}{b}$ 可以表示成有限小数

$$\frac{a}{b}=0.\,q_1q_2\cdots q_i. \tag{1.3}$$

当余数列 $\{r_i\}$ 恒不为 0 时,由 $0\leqslant r_i<b$ 或 r_i 是不超过 b 的正整数可知,正整数列 $\{r_i\}$ 中至少有两项相等. 于是存在最小下标 τ 与自然数 s 使 $r_\tau=r_{\tau+s}$,并且(当 $s>1$ 时)$r_\tau,r_{\tau+1},r_{\tau+2},\cdots,r_{\tau+s-1}$ 互不相等. 由

$$10r_\tau=bq_{\tau+1}+r_{\tau+1},10r_{\tau+s}=bq_{\tau+s+1}+r_{\tau+s+1}$$

可知

$$b(q_{\tau+1}-q_{\tau+s+1})=r_{\tau+s+1}-r_{\tau+1}.$$

于是,若 $r_{\tau+s+1}-r_{\tau+1}\neq0$,则 $|r_{\tau+s+1}-r_{\tau+1}|\geqslant b$,这与 $0\leqslant r_{\tau+1}<b,0\leqslant r_{\tau+s+1}<b$ 的假设矛盾. 因此 $q_{\tau+1}=q_{\tau+s+1},r_{\tau+1}=r_{\tau+s+1}$. 依此类推可以得到 $q_{\tau+2}=q_{\tau+s+2},r_{\tau+2}=r_{\tau+s+2}$ 等,最后得到 $q_{\tau+s}=q_{\tau+2s},r_{\tau+s}=r_{\tau+2s}$. 再由后者出发,可以得到一个新的循环,最后得到 $\frac{a}{b}$ 的无限循环小数的表示:

$$\frac{a}{b}=0.\,q_1q_2\cdots q_{\tau-1}q_\tau q_{\tau+1}\cdots q_{\tau+s}q_\tau q_{\tau+1}\cdots q_{\tau+s}\cdots$$

$$=0.\,q_1q_2\cdots q_{\tau-1}\overline{q_\tau q_{\tau+1}\cdots q_{\tau+s}}. \tag{1.4}$$

对于大于 1 的分数 $\frac{a}{b}$,可以通过将其先写成一个自然数 m 与 0, 1 之间分数之和的办法,将其表示成有限小数

$$\frac{a}{b}=m.\,q_1q_2\cdots q_i \tag{1.5}$$

或无限循环小数

$$\frac{a}{b}=m.\,q_1 q_2 \cdots q_{\tau-1} \overline{q_\tau q_{\tau+1} \cdots q_{\tau+s}}. \tag{1.6}$$

对于负分数,只需在表达式(1.3)~(1.6)前增加负号即可. 例如,通过长除法可以得到以下三个分数的小数表示:

$$\frac{1}{4}=0.25,$$

$$\frac{1}{3}=0.333\cdots=0.\overline{3},$$

$$\frac{323}{308}=1.04870129870129\cdots=1.04\overline{870129},$$

$$-\frac{323}{308}=-1.04870129870129\cdots=-1.04\overline{870129}.$$

反过来,对于有限小数 $m.\,q_1 q_2 \cdots q_i$,可先将其写成

$$m.\,q_1 q_2 \cdots q_i=m+\frac{q_1}{10}+\frac{q_2}{10^2}+\cdots+\frac{q_i}{10^i}, \tag{1.7}$$

再通过分数加法运算与约分化简便可得其分数表示. 例如,

$$0.018=\frac{1}{10^2}+\frac{8}{10^3}=\frac{18}{1000}=\frac{9}{500}.$$

但是要将一个无限循环小数表示成一个分数却颇费周折,只有动用数列极限工具才能完成. 下面我们将通过三个例子来解决这种表达问题.

例 1.4 将正无限循环小数

$$x=a.\,\overline{k_1 k_2 \cdots k_m}$$

用分数表示,其中 $a \geqslant 0$ 是整数, $k_i(i=1,2,\cdots,m)$ 是取自 $0,1,\cdots,9$ 的整数, $k_m \neq 0$.

解 令整数

$$c=k_1 10^{m-1}+k_2 10^{m-2}+\cdots+k_m,$$

即 c 就是 10 进制整数 $k_1 k_2 \cdots k_m$. 由定义可知

$$x=a+c \cdot 10^{-m}+c \cdot 10^{-2m}+\cdots+c \cdot 10^{-nm}+\cdots,$$

其小数部分是等比数列 $\{c \cdot (10^{-m})^n\}_{n=1}^{+\infty}$ 的部分和的极限. 由于部分和为

$$S_n = c \cdot 10^{-m} + c \cdot 10^{-2m} + \cdots + c \cdot 10^{-nm}$$
$$= \frac{c \cdot 10^{-m} - c \cdot (10^{-m})^{n+1}}{1 - 10^{-m}},$$

于是由 $0 < 10^{-m} < 1$ 与例 1.1 可知以上的部分和有极限

$$S = \lim_{n \to \infty} \frac{c \cdot 10^{-m} - c \cdot (10^{-m})^{n+1}}{1 - 10^{-m}} = \frac{c \cdot 10^{-m}}{1 - 10^{-m}} = \frac{c}{10^m - 1}.$$

于是得到无限循环小数 x 的分数表示

$$x = a + \frac{c}{10^m - 1} = \frac{c - a + a \cdot 10^m}{10^m - 1}, \tag{1.8}$$

其中分子与分母均是整数.

例如, 由公式 (1.8) 立即得到

$$3.578578\cdots = 3.\overline{578} = \frac{578 - 3 + 3 \cdot 10^3}{10^3 - 1} = \frac{3575}{999}.$$

例 1.5　将正无限循环小数

$$x = a.b_1 \cdots b_n \overline{k_1 k_2 \cdots k_m}$$

用分数表示, 其中 $a \geqslant 0$ 是整数, b_i, k_j 是取自 $0, 1, \cdots, 9$ 的整数, $k_m \neq 0$.

解　现在对正整数

$$b = a \cdot 10^n + b_1 \cdot 10^{n-1} + \cdots + b_n,$$

小数

$$10^n x = b.\overline{k_1 k_2 \cdots k_m}$$

是例 1.4 中讨论过的正无限循环小数. 由公式 (1.8) 可知对于整数

$$c = k_1 10^{m-1} + k_2 10^{m-2} + \cdots + k_m,$$

有

$$10^n x = \frac{c - b + b \cdot 10^m}{10^m - 1},$$

从而

$$x = \frac{c - b + b \cdot 10^m}{10^n \cdot (10^m - 1)}. \tag{1.9}$$

例如,对于正循环小数

$$x = 3.30578578\cdots = 3.30\overline{578},$$

由公式(1.8)可知

$$10^2 x = 330.\overline{578} = \frac{578 - 330 + 330 \cdot 10^3}{10^3 - 1},$$

从而

$$x = 3.30\overline{578} = \frac{578 - 330 + 330 \cdot 10^3}{10^2 \cdot (10^3 - 1)}.$$

也可由公式(1.9),利用 $b = 330, c = 578$ 直接得到

$$x = 3.30\overline{578} = \frac{c - b + b \cdot 10^m}{10^n \cdot (10^m - 1)}$$

$$= \frac{578 - 330 + 330 \cdot 10^3}{10^2 \cdot (10^3 - 1)} = \frac{330248}{99900} = \frac{82562}{24975}.$$

例 1.6 对于负无限循环小数

$$x = -a.b_1\cdots b_n \overline{k_1 k_2 \cdots k_m} (n \geqslant 0, m \geqslant 1),$$

其中 a 是非负整数,b_i, k_j 是取自 $0, 1, \cdots, 9$ 的整数,$k_m \neq 0$,由公式(1.9)得到

$$-x = a.b_1\cdots b_n \overline{k_1 k_2 \cdots k_m} = \frac{c - b + b \cdot 10^m}{10^n \cdot (10^m - 1)},$$

其中正整数

$$b = a \cdot 10^n + b_1 \cdot 10^{n-1} + \cdots + b_n,$$

$$c = k_1 \cdot 10^{m-1} + k_2 \cdot 10^{m-2} + \cdots + k_m.$$

从而

$$x = -\frac{c - b + b \cdot 10^m}{10^n \cdot (10^m - 1)}. \tag{1.10}$$

例如,

$$-3.102\overline{23} = -\frac{23 - 3102 + 3102 \cdot 10^2}{10^3 \cdot (10^2 - 1)} = -\frac{307121}{99000}.$$

§1.3 无理数的有理数列极限表示

我们将能够表示为两个整数之比的数称为**有理数**,即将整数与分数统称为有理数.由上一节的讨论可知,有理数也可定义为能被表示为有限小数或无限循环小数的数.我们知道方程 $x^2=4$ 有两个有理根 $x=\pm\sqrt{4}=\pm2$,在例 1.15 中我们将证明方程 $x^2=2$ 的根 $\sqrt{2}=1.41421\cdots$ 不是有理数,而是一个无限不循环小数.我们不准备在这里介绍实数的一般构造理论,只将不能表示为有限小数或无限循环小数的数叫作**无理数**[12],即无理数就是无限不循环小数,是不能用分数表示的数;将有理数与无理数统称为**实数**.按照习惯,通常用黑体字母 **N,Z,Q** 与 **R** 分别表示自然数集、整数集、有理数集与实数集.我们知道在实数范围内方程 $x^2=-1$ 无解.若形式地规定 $x^2=-1$ 的解是 $\pm i$,即 $i=\sqrt{-1}$,则称形如

$$z=a+ib,a,b\in\mathbf{R}$$

的数是**复数**,用

$$\mathbf{C}=\{a+ib,a,b\in\mathbf{R}\}$$

表示复数集.我们的任务是讨论数学分析在初等数学中的应用,而数学分析专门研究实函数,故本书也只关注实数与实函数,有关复数与复变函数的问题可以参看相关教程,如文献[5]等.

由无理数的无限不循环小数特征,不难构造出几个典型的无理数.

例 1.7 小数点后由自然数列 $1,2,3,\cdots,1000,1001,\cdots$ 依次排列写出的数

$$\theta_1=0.12345678910111213\cdots100101\cdots10001001\cdots$$

是一个无理数.这是由于 θ_1 的表达式中含有任意长的全由 0 构成的

数段,从而 θ_1 不是循环小数或有理数,即 θ_1 是无理数.同样,小数点后由 1 个"1",2 个"2",3 个"3",$\cdots$,100 个"100"$\cdots$排成的数

$$\theta_2 = 0.122333444455555\cdots100100\cdots100\cdots$$

也是无理数,由于 θ_2 的表达式中含有任意长的全由 1 构成的数段,也有任意长的全由 2 构成的数段,$\cdots$,从而 θ_2 也不是循环小数或有理数,即 θ_2 是无理数.

如果将实数与数轴上的点进行一一对应,便可从几何与分析两个方面研究实数的性质.有理数的一个重要性质是所谓的"稠密性",即对于任意两个有理数 $r_1 < r_2$,之间必然存在另一个有理数 r_3 使 $r_1 < r_3 < r_2$.例如,取 $r_3 = \dfrac{1}{2}(r_1 + r_2)$,便是其中一个.与有理数集的稠密性相仿,实数集合具有更好的稠密性.让我们从实数的两种近似开始讨论.

对于非负实数 $x = a_0.a_1a_2\cdots a_n\cdots$ 与非负整数 $n = 0,1,2,\cdots$,称有理数

$$x_n = a_0.a_1a_2\cdots a_n \tag{1.11}$$

为 x 的 n **位不足近似**,称有理数

$$\overline{x_n} = x_n + \frac{1}{10^n} \tag{1.12}$$

为 x 的 n **位过剩近似**.对于负实数 $x = -a_0.a_1a_2\cdots a_n\cdots$,称有理数

$$x_n = -a_0.a_1a_2\cdots a_n - \frac{1}{10^n} \tag{1.13}$$

为 x 的 n **位不足近似**,称有理数

$$\overline{x_n} = -a_0.a_1a_2\cdots a_n \tag{1.14}$$

为 x 的 n **位过剩近似**.由定义不难看出,实数 x 的不足近似当 n 增大时不减,即

$$x_0 \leqslant x_1 \leqslant x_2 \leqslant \cdots, \tag{1.15}$$

而过剩近似当 n 增大时不增,即

$$\overline{x_0} \geqslant \overline{x_1} \geqslant \overline{x_2} \geqslant \cdots, \tag{1.16}$$

而且不足近似永远不超过 x,过剩近似永远不小于 x,即对任意的非负整数 m 与 n,不等式

$$x_m \leqslant x \leqslant \overline{x_n} \qquad (1.17)$$

总成立.

实数公理[1]2　设

$$x = a_0 . a_1 a_2 \cdots a_n \cdots,$$
$$y = b_0 . b_1 b_2 \cdots b_n \cdots$$

为两个实数,则 $x < y$ 的等价条件是:存在非负整数 n 使得

$$\overline{x_n} < y_n, \qquad (1.18)$$

其中 y_n 表示 y 的 n 位不足近似,$\overline{x_n}$ 表示 x 的 n 位过剩近似.

我们也称以上形式的实数公理为**近似公理**.在一个理论体系中,公理是一些众所周知的、无反例与矛盾的、尽可能少的结论,是这个理论体系中逻辑演绎的原始依据,公理本身无须证明.整个微积分学的原始依据就是实数公理,换句话说,实数公理是数学分析的理论基石.数学分析中的其他几个重要定理,比如"确界定理"、"单调有界定理"、"子数列定理"、"聚点定理"、"区间套定理"、"有限覆盖定理"、"柯西收敛准则"与"戴德金分割定理"等,都是刚才给出的实数公理或近似公理的等价形式,统称为**实数连续性公理**.在这些结论中,一旦选取其中之一作为系统公理,则其他结论就变为可由这个公理推导出来的定理.有关这些公理或定理及其等价性的证明,可以参看文献[1~3]等.作为例子,下面我们借助近似公理,导出后面将要用到的其他几个重要结论.

定理 1.1(实数稠密性定理)　对于任意两个实数 $x < y$,必然存在有理数 r,使 $x < r < y$.

证明　对于任意两个实数 $x < y$,由近似公理可知存在自然数 n,使 $\overline{x_n} < y_n$.取有理数 $r = \dfrac{1}{2}(\overline{x_n} + y_n)$,则由(1.17)式可知

$$x \leqslant \overline{x_n} < r < y_n \leqslant y. \qquad \square$$

我们已经知道有理数集本身具有稠密性,即任意两个有理数之

间一定存在另一个有理数. 由定理 1.1 可知,实数集具有比有理数集更好的稠密性,即两个不相等的实数之间不但存在另一个实数,而且还存在一个这样的有理数. 从而可见实数稠密性定理讲的是有理数在实数集中的稠密性. 这种稠密性对于理解实数的构造非常重要,因为借此我们可以得到本节的基本定理:

定理 1.2 任何实数均可以表示为有理数列的极限. 即对于任意实数 $a \in \mathbf{R}$,存在有理数列 $\{r_n\}$,使

$$a = \lim_{n \to \infty} r_n. \tag{1.19}$$

证明 当 a 本身是有理数时结论显然成立,这时常数列 $r_n = a$ 使得结论(1.19)成立. 下面就设 a 是无理数. 对于任意 $n \in \mathbf{N}$,由于 $a - \dfrac{1}{n} < a + \dfrac{1}{n}$ 总成立,故由有理数在实数集中的稠密性定理 1.1 可知,存在有理数 $r_n \in \mathbf{Q}$ 使

$$a - \frac{1}{n} < r_n < a + \frac{1}{n}$$

或

$$|a - r_n| < \frac{1}{n}. \tag{1.20}$$

下面证明数列 $\{r_n\}$ 收敛于 a. 对于任意实数 $\varepsilon > 0$,再次利用定理 1.1 可以得到正有理数 $0 < \dfrac{P}{N} < \varepsilon$,其中 N, P 都是自然数且 $N > 1$,于是 $\dfrac{1}{N} < \varepsilon$. 当自然数 $n > N$ 时,由(1.20)式得

$$|a - r_n| < \frac{1}{n} < \frac{1}{N} \leqslant \frac{P}{N} < \varepsilon, \tag{1.21}$$

于是由第一节中给出的数列极限定义(V)可知 $a = \lim\limits_{n \to \infty} r_n$. $\square$

上一节通过将无限循环小数表示成两个整数之比,使我们完全把握了整个有理数集. 定理 1.2 说明每个实数无非是某个有理数列的极限,这对我们理解与把握实数集合非常重要. 以后我们将通过寻求自然对数的底 e、圆周率 π(见第四章)以及 $\sqrt{2}$ 等无理数的有理数列

极限表示,进一步说明定理 1.2 的应用价值.

为了给出两个所谓的重要极限,需要用到以下两个定理:

定理 1.3(单调有界定理) 在实数系统中,单调有界数列收敛,即单调递增有上界的数列与单调递减有下界的数列都收敛.

单调有界定理往往借助"确界定理"[1]进行证明,而确界定理由近似公理直接可得.由于推导较长,这里略去证明过程,有兴趣的读者可以看任何一本《数学分析》教科书,如文献[1~3]等.

定理 1.4(两边夹定理) 若

(1) 在 a(可以是无穷)的某去心邻域内 $f(x) \leqslant g(x) \leqslant h(x)$,

(2) $\lim\limits_{x \to a} f(x) = \lim\limits_{x \to a} h(x) = A$ 存在,

则 $\lim\limits_{x \to a} g(x) = A$.

证明 由条件(2),对于 A 的任何邻域 $V(A)$,存在 a 的邻域 $U_1(a)$ 与 $U_2(a)$,使当 $x \in \mathring{U}_1(a)$ 时 $f(x) \in V(A)$,当 $x \in \mathring{U}_2(a)$ 时 $h(x) \in V(A)$. 取 a 的邻域 $U(a) = U_1(a) \bigcap U_2(a)$,则当 $x \in \mathring{U}(a)$ 时,由 $x \in \mathring{U}_1(a), x \in \mathring{U}_2(a)$ 可知 $f(x) \in V(A), h(x) \in V(A)$ 同时成立,利用条件(1)可知这时 $g(x) \in V(A)$ 总成立. 于是由定义 1.1 可知 $\lim\limits_{x \to a} g(x) = A$. □

首先根据单调有界定理 1.3 给出第一个"重要极限".

例 1.8 数列 $\left(1 + \dfrac{1}{n}\right)^n$ 单调增加,且有上界 3,从而由定理 1.3 可知该数列收敛. 记这个极限为自然对数的底 e,即得第一个重要极限

$$\lim_{n \to \infty} \left(1 + \frac{1}{n}\right)^n = \mathrm{e}. \tag{1.22}$$

设 $a_n = \left(1 + \dfrac{1}{n}\right)^n$. 先证明数列 $\{a_n\}$ 的单调性. 由二项式定理可知

$$a_n = 1 + n \cdot \frac{1}{n} + \frac{n(n-1)}{2!} \cdot \frac{1}{n^2} + \frac{n(n-1)(n-2)}{3!} \cdot \frac{1}{n^3} + \cdots +$$

$$\frac{n(n-1)\cdots 3\cdot 2\cdot 1}{n!}\cdot\frac{1}{n^n},$$

即

$$a_n=2+\frac{1}{2!}\left(1-\frac{1}{n}\right)+\frac{1}{3!}\left(1-\frac{1}{n}\right)\left(1-\frac{2}{n}\right)+\cdots+$$

$$\frac{1}{n!}\left(1-\frac{1}{n}\right)\left(1-\frac{2}{n}\right)\cdots\left(1-\frac{n-1}{n}\right). \tag{1.23}$$

同理

$$a_{n+1}=2+\frac{1}{2!}\left(1-\frac{1}{n+1}\right)+\frac{1}{3!}\left(1-\frac{1}{n+1}\right)\left(1-\frac{2}{n+1}\right)+\cdots+$$

$$\frac{1}{n!}\left(1-\frac{1}{n+1}\right)\left(1-\frac{2}{n+1}\right)\cdots\left(1-\frac{n-1}{n+1}\right)+$$

$$\frac{1}{(n+1)!}\left(1-\frac{1}{n+1}\right)\left(1-\frac{2}{n+1}\right)\cdots\left(1-\frac{n}{n+1}\right).$$

由于 $\frac{1}{n}>\frac{1}{n+1}$,所以除第一项"2"外,$a_{n+1}$ 的展开式中每一项都大于 a_n 的展开式中对应的项,而且还多出最后一项,故可见

$$a_n<a_{n+1}(n=1,2,\cdots)$$

总成立.这就证明了数列 $\{a_n\}$ 单调增加.

由于在 a_n 的第二个表达式(1.23)中,每一个括弧内的因子都小于1,即

$$1-\frac{1}{n}<1,1-\frac{2}{n}<1,\cdots,1-\frac{n-1}{n}<1,$$

略去这些因子后得

$$a_n<2+\frac{1}{2!}+\frac{1}{3!}+\cdots+\frac{1}{n!}<2+\frac{1}{2}+\frac{1}{2^2}+\cdots+\frac{1}{2^{n-1}}$$

$$=2+\frac{\frac{1}{2}-\left(\frac{1}{2}\right)^n}{1-\frac{1}{2}}<2+\frac{\frac{1}{2}}{1-\frac{1}{2}}=3.$$

这就证明了数列 $\{a_n\}$ 有上界3.从而由单调有界定理1.3可知,数列 $\{a_n\}$ 的极限 e 存在,且在 2,3 之间.

与数列极限(1.22)的证法相仿,也可将 e 表示成函数极限

$$\mathrm{e}=\lim_{x\to\infty}\left(1+\frac{1}{x}\right)^x \tag{1.24}$$

或

$$\mathrm{e}=\lim_{x\to 0}(1+x)^{\frac{1}{x}}. \tag{1.25}$$

例 1.9　求极限

$$\lim_{x\to 0}\frac{\mathrm{e}^x-1}{x}\text{与}\lim_{x\to 0}\frac{a^x-1}{x}(a>0\text{ 且 }a\neq 1).$$

解　令 $u=\mathrm{e}^x-1$,即 $x=\ln(1+u)$,则当 $x\to 0$ 时,$u\to 0$.由重要极限(1.25)得

$$\lim_{x\to 0}\frac{\mathrm{e}^x-1}{x}=\lim_{u\to 0}\frac{u}{\ln(1+u)}=\lim_{u\to 0}\frac{1}{\ln(1+u)^{\frac{1}{u}}}=1. \tag{1.26}$$

对于任意的 $a>0$ 且 $a\neq 1$,由指数换底公式 $a^x=\mathrm{e}^{x\ln a}$ 得

$$\lim_{x\to 0}\frac{a^x-1}{x}=\ln a\lim_{x\to 0}\frac{\mathrm{e}^{x\ln a}-1}{x\ln a}=\ln a. \tag{1.27}$$

下面给出重要极限(1.24)或(1.25)在经济学方面应用的两个例子.

例 1.10　设一笔存款的本金是 A_0.如果银行存款的年利率是 r,以复利计息,试求在下列三种不同结算方式下第 k 年年末的本利和 A_k:

(1) 每年结算 1 次;

(2) 每年结算 $n(n>1)$ 次;

(3) 每年结算无穷多次.

解　(1) 每年结算 1 次时,第一年年末的本利和为

$$A_1=A_0+A_0 r=A_0(1+r);$$

第二年年末的本利和为

$$A_2=A_1(1+r)=A_0(1+r)^2;$$

依此递推,第 k 年年末的本利和为

$$A_k=A_0(1+r)^k. \tag{1.28}$$

(2) 每年结算 $n(>1)$ 次时,每结一次的利率变为 $\dfrac{r}{n}$,到第 k 年年末时共按复利结算 kn 次,故由(1)可知

$$A_k = A_0 \left(1 + \frac{r}{n}\right)^{kn}. \tag{1.29}$$

(3) 每年结算无穷多次相当于(2)中的 $n \to \infty$. 对(1.29)式右端取极限,应用重要极限(1.24)得

$$\lim_{n \to \infty} A_0 \left(1 + \frac{r}{n}\right)^{kn} = A_0 \lim_{n \to \infty} \left[\left(1 + \frac{r}{n}\right)^{\frac{n}{r}}\right]^{kr} = A_0 e^{kr},$$

即有**连续复利公式**

$$A_k = A_0 e^{kr}. \tag{1.30}$$

已知本金 A_0,用以上三种公式求第 k 年年末时的本利和 A_k 的问题称为**复利问题**;反过来,已知第 k 年年末的本利和 A_k,求最初需要存入多少本金 A_0 的问题称为**贴现问题**. 例如,在连续复利下的贴现公式为

$$A_0 = A_k e^{-kr}. \tag{1.31}$$

例 1.11 设某企业计划发行公司债券,规定以年利率 6.5% 的连续复利计算利息,10 年后每份债券一次偿还本息 5000 元. 问发行时每份债券的价格应定为多少?

解 这是一个连续复利下的贴现问题,其中 $r = 0.065, k = 10$,$A_{10} = 5000$. 故由贴现公式(1.31)可知每份债券的发行价格应定为

$$A_0 = A_{10} e^{-10 \times 0.065} = 5000 e^{-0.65} \approx 2610.23(元).$$

下面根据两边夹定理 1.4 给出第二个重要极限.

例 1.12 证明第二个重要极限

$$\lim_{x \to 0} \frac{\sin x}{x} = 1 \tag{1.32}$$

成立.

证明 在如图 1.1 所示的单位圆中,当圆心角 $\angle AOD = x$ 满足 $0 < x < \dfrac{\pi}{2}$ 时,$\overset{\frown}{AD} = x, CD = \sin x, AB = \tan x$,且有面积关系

$$S_{\triangle OAD} < S_{扇形OAD} < S_{\triangle OAB}.$$

由

$$S_{\triangle OAD} = \frac{1}{2} OA \cdot CD = \frac{\sin x}{2},$$

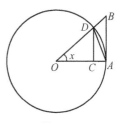

图 1.1

$$S_{扇形OAD} = \frac{1}{2} OA \cdot \overset{\frown}{AD} = \frac{x}{2},$$

$$S_{\triangle OAB} = \frac{1}{2} OA \cdot AB = \frac{\tan x}{2},$$

可知

$$0 < \sin x < x < \tan x.$$

于是

$$1 < \frac{x}{\sin x} < \frac{1}{\cos x}$$

或

$$\cos x < \frac{\sin x}{x} < 1.$$

当 $-\dfrac{\pi}{2} < x < 0$ 时,由 $\cos x, \dfrac{\sin x}{x}$ 均是偶函数可知以上不等式仍然成立. 最后由

$$\lim_{x \to 0} \cos x = \lim_{x \to 0} 1 = 1$$

与两边夹定理 1.4 可得等式(1.32). □

在例 1.8 中,我们将自然对数的底 e 表示成了有理数列 $\left(1 + \dfrac{1}{n}\right)^n$ 的极限. 为了证明 e 是无理数,下面给出 e 的另一种有理数列极限表示.

例 1.13 设

$$r_m = \sum_{k=0}^{m} \frac{1}{k!} (m = 1, 2, \cdots),$$

则有理数列 $\{r_m\}$ 收敛到自然对数的底 e,即

$$\lim_{m \to \infty} \sum_{k=0}^{m} \frac{1}{k!} = \sum_{n=0}^{\infty} \frac{1}{n!} = e. \tag{1.33}$$

事实上,在 e 的第一种表示(1.22)的证明中,由(1.23)式可知

$$a_n = 2 + \frac{1}{2!}\left(1 - \frac{1}{n}\right) + \frac{1}{3!}\left(1 - \frac{1}{n}\right)\left(1 - \frac{2}{n}\right) + \cdots +$$

$$\frac{1}{n!}\left(1 - \frac{1}{n}\right)\left(1 - \frac{2}{n}\right)\cdots\left(1 - \frac{n-1}{n}\right).$$

于是对于相对固定的自然数 $m < n$,前 m 项的和

$$2 + \frac{1}{2!}\left(1 - \frac{1}{n}\right) + \frac{1}{3!}\left(1 - \frac{1}{n}\right)\left(1 - \frac{2}{n}\right) + \cdots +$$

$$\frac{1}{m!}\left(1 - \frac{1}{n}\right)\cdots\left(1 - \frac{m-1}{n}\right) \leqslant a_n.$$

在此不等式中令 $n \to \infty$,则由 $a_n \to e$ 与

$$\frac{1}{n}, \frac{2}{n}, \cdots, \frac{m-1}{n} \to 0 (n \to \infty)$$

可知

$$2 + \frac{1}{2!} + \frac{1}{3!} + \cdots + \frac{1}{m!} \leqslant e, m = 2, 3, \cdots.$$

于是由 $1! = 1$ 与约定 $0! = 1$ 可知,数列 $r_m = \sum\limits_{k=0}^{m} \frac{1}{k!}$ 满足

$$a_m \leqslant r_m \leqslant e.$$

最后再由 $\lim\limits_{m \to \infty} a_m = e$ 与两边夹定理 1.4 可知

$$\lim_{m \to \infty} r_m = \lim_{m \to \infty} \sum_{k=0}^{m} \frac{1}{k!} = \sum_{n=0}^{\infty} \frac{1}{n!} = e.$$

值得注意的是,在没有引进级数概念的前提下,我们目前仅将 $\sum\limits_{n=0}^{\infty} \frac{1}{n!}$ 理解为有理数列 $\sum\limits_{k=0}^{m} \frac{1}{k!}$ 的极限.

例 1.14 证明自然对数的底 e 是无理数.

证明 如果不然,由 e 的表达式(1.33)可知,存在两个互素的自然数 q 与 p 使

$$\frac{p}{q} = \sum_{n=0}^{\infty} \frac{1}{n!} = e. \tag{1.34}$$

由 $2 < e < 3$ 与 p 是自然数可知 $q \geqslant 2$. 在(1.34)式的两端同乘以

$q!$,得

$$\frac{q!p}{q}=q!\left(\frac{1}{0!}+\frac{1}{1!}+\frac{1}{2!}+\cdots+\frac{1}{q!}\right)+$$

$$q!\left[\frac{1}{(q+1)!}+\frac{1}{(q+2)!}+\frac{1}{(q+3)!}+\cdots\right],$$

即

$$(q-1)!p-q!\left(\frac{1}{0!}+\frac{1}{1!}+\frac{1}{2!}+\cdots+\frac{1}{q!}\right)$$

$$=\frac{1}{(q+1)}+\frac{1}{(q+1)(q+2)}+\frac{1}{(q+1)(q+2)(q+3)}+\cdots.$$

上式左方显然是整数,再由右方大于 0 可知,等式左方是个大于 0 的整数. 但是另一方面,由

$$\frac{1}{q+1}\left[1+\frac{1}{(q+2)}+\frac{1}{(q+2)(q+3)}+\cdots\right]$$

$$\leqslant\frac{1}{q+1}\left[1+\frac{1}{(q+1)}+\frac{1}{(q+1)^2}+\cdots\right]$$

$$=\frac{1}{q+1}\cdot\frac{1}{1-\frac{1}{q+1}}=\frac{1}{q}\leqslant\frac{1}{2}$$

可知,等式右方是一个不超过 $\frac{1}{2}$ 的分数,这是不可能的. 矛盾说明自然对数的底 e 是一个无理数. □

下面再给出两个无理数的例子.

例 1.15 证明数 $\sqrt{2}$ 是无理数.

证明 如果不然,假设 $\sqrt{2}$ 是有理数,则存在没有公因子的两个正整数 a,b,使

$$\frac{a}{b}=\sqrt{2}$$

或

$$a^2=2b^2. \tag{1.35}$$

由上式可知 a^2 是偶数,从而 a 也是偶数. 于是存在正整数 c 使 $a=$

$2c$,代入(1.35)式得

$$2c^2 = b^2.$$

这个等式说明 b 也是偶数.这与 a,b 没有公因子的假设矛盾,矛盾说明 $\sqrt{2}$ 是无理数. □

例 1.16 证明数 $\sqrt{3}$ 是无理数.

证明 如果不然,假设 $\sqrt{3}$ 是有理数,则存在没有公因子的两个正整数 a,b,使

$$\frac{a}{b} = \sqrt{3}$$

或

$$a^2 = 3b^2. \tag{1.36}$$

由(1.36)式可知 a^2 能被 3 整除.由于素数 3 不能分解为除 1 与其本身以外的其他两个整数的乘积,故 a 是 3 的倍数.于是存在正整数 c 使 $a = 3c$,代入(1.36)式得

$$3c^2 = b^2.$$

同理得到 b 也是 3 的倍数.这与 a,b 没有公因子的假设矛盾,矛盾说明 $\sqrt{3}$ 是无理数. □

由以上两个结论的证明不难看出:

命题 1.1 任何素数 $n(n>1)$ 的 $k(k \geqslant 2)$ 次方根 $\sqrt[k]{n}$ 都是无理数.

§1.4 实数的连分数表示

从前面两节我们知道,实数由有理数与无理数构成,有理数具有分数与有限或无限循环小数两种表示,无理数具有无限不循环小数与有理数列的极限两种表示.本节我们将给出实数的第三种表示,即连分数表示,借此进一步展示有理数与无理数的区别.

对于有理数 $\dfrac{a}{b}$，其中 a 是整数，b 是正整数．用除法依次可以得到

$$\frac{a}{b} = v_0 + \frac{r_1}{b}, \qquad v_0 = \left[\frac{a}{b}\right] \in \mathbf{Z}, \qquad 0 < r_1 < b;$$

$$\frac{b}{r_1} = v_1 + \frac{r_2}{r_1}, \qquad v_1 = \left[\frac{b}{r_1}\right] \in \mathbf{N}, \qquad 0 < r_2 < r_1;$$

$$\frac{r_1}{r_2} = v_2 + \frac{r_3}{r_2}, \qquad v_2 = \left[\frac{r_1}{r_2}\right] \in \mathbf{N}, \qquad 0 < r_3 < r_2;$$

$$\cdots;$$

$$\frac{r_{n-3}}{r_{n-2}} = v_{n-2} + \frac{r_{n-1}}{r_{n-2}}, \qquad v_{n-2} = \left[\frac{r_{n-3}}{r_{n-2}}\right] \in \mathbf{N}, \qquad 0 < r_{n-1} < r_{n-2};$$

$$\frac{r_{n-2}}{r_{n-1}} = v_{n-1} + \frac{r_n}{r_{n-1}}, \qquad v_{n-1} = \left[\frac{r_{n-2}}{r_{n-1}}\right] \in \mathbf{N}, \qquad 0 < r_n < r_{n-1};$$

$$\frac{r_{n-1}}{r_n} = v_n, \qquad v_n \in \mathbf{N}.$$

其中各次的商 v_j 与余数 r_{j+1} 被唯一确定，$[x]$ 表示 x 的整数部分，即不大于 x 的整数中最大的一个，如 $[3.034] = 3$，$[-3.034] = -4$ 等．由于 r_j 是严格单调递减的非负整数，且 $r_j < b$，故这个过程到某一步就终止．不妨设 $0 = r_{n+1} < r_n$，于是就得到最后的等式 $\dfrac{r_{n-1}}{r_n} = v_n$，即循环在第 $n+1$ 步终止．当 $\dfrac{a}{b}$ 本身是整数时，$\dfrac{a}{b} = v_0$，$r_1 = 0$，循环一次便被终止．当 $\dfrac{a}{b}$ 不是整数时，一定有 $n \geqslant 1$，即以上过程至少循环两次．这时由 $0 < r_j < r_{j-1}$ 可知商 $v_j \geqslant 1 (j = 1, 2, \cdots, n-1)$，且 $v_n > 1$．现在将最后一个等式代入倒数第二个等式得

$$\frac{r_{n-2}}{r_{n-1}} = v_{n-1} + \frac{1}{v_n};$$

将此结果代入倒数第三个等式得

$$\frac{r_{n-3}}{r_{n-2}} = v_{n-2} + \cfrac{1}{v_{n-1} + \cfrac{1}{v_n}};$$

依次代入,最后得到

$$\frac{a}{b} = v_0 + \cfrac{1}{v_1 + \cfrac{1}{v_2 + \cfrac{1}{\cdots + \cfrac{1}{v_{n-2} + \cfrac{1}{v_{n-1} + \cfrac{1}{v_n}}}}}}. \qquad (1.37)$$

公式(1.37)给出了有理数 $\dfrac{a}{b}$ 的连分数表示,其中 v_0 是整数,符号与 $\left[\dfrac{a}{b}\right]$ 相同,而 $v_1, v_2, \cdots, v_n$ 均是自然数,且 $v_n > 1$. 一般地,我们将形如

$$v_0 + \cfrac{u_1}{v_1 + \cfrac{u_2}{v_2 + \cfrac{u_3}{\cdots + \cfrac{u_{n-2}}{v_{n-2} + \cfrac{u_{n-1}}{v_{n-1} + \cfrac{u_n}{v_n}}}}}}$$

的表达式称为**(有限)连分数**.

由于有理数 $\dfrac{a}{b}$ 通过(1.37)式与有序商数组 $(v_0, v_1, v_2, \cdots, v_n)$ 相互唯一确定,以下我们将这样的有限连分数或有理数 $\dfrac{a}{b}$ 记为 $[v_0, v_1, v_2, \cdots, v_n]$,即

$$\frac{a}{b} = [v_0, v_1, v_2, \cdots, v_n], \qquad (1.38)$$

其中的 v_j 称为连分数 $\left($或$\dfrac{a}{b}\right)$ 的**第 j 个部分商**. 于是得到:

定理 1.5 每个有理数 $\dfrac{a}{b}$(其中 $b > 0$ 是自然数,a 是整数)可被唯一表示成形如(1.37)或(1.38)式的有限连分数;反之,每个形如

(1.37)或(1.38)式的有限连分数表示一个有理数.

例 1.17　求有理小数 $1.\overline{63}$，-2.625 的分数与连分数表示.

解　由公式(1.8)，有理数 $1.\overline{63}$ 的分数表示为

$$1.\overline{63}=\frac{63-1+10^2}{10^2-1}=\frac{18}{11}.$$

再由

$$\frac{18}{11}=1+\frac{7}{11}, \qquad \frac{11}{7}=1+\frac{4}{7},$$

$$\frac{7}{4}=1+\frac{3}{4}, \qquad \frac{4}{3}=1+\frac{1}{3},$$

$$\frac{3}{1}=3,$$

得 $1.\overline{63}$ 的连分数表示为

$$1.\overline{63}=[1,1,1,1,3]=1+\cfrac{1}{1+\cfrac{1}{1+\cfrac{1}{1+\cfrac{1}{3}}}}.$$

有理数 -2.625 的分数表示为

$$-2.625=-\left(2+\frac{6}{10}+\frac{2}{10^2}+\frac{5}{10^3}\right)=-\frac{21}{8}.$$

再由

$$-\frac{21}{8}=-3+\frac{3}{8}, \qquad \frac{8}{3}=2+\frac{2}{3},$$

$$\frac{3}{2}=1+\frac{1}{2}, \qquad \frac{2}{1}=2,$$

得 -2.625 的连分数表示为

$$-2.625=[-3,2,1,2]=-3+\cfrac{1}{2+\cfrac{1}{1+\cfrac{1}{2}}}.$$

对于一般的实数 ξ，除了用 $[\xi]$ 表示 ξ 的整数部分外，若用 $\{\xi\}$ 表示 ξ 的小数部分，则

$$\xi = [\xi] + \{\xi\}.$$

值得注意的是 $\{\xi\} \geqslant 0$ 总成立. 例如,

$$[3.034] = 3, \{3.034\} = 0.034;$$

$$[-3.034] = -4, \{-3.034\} = 0.966.$$

现在对于无理数 ξ,令 $v_0 = [\xi]$,$r_0 = \dfrac{1}{\{\xi\}}$,则形式地有

$$\xi = v_0 + \frac{1}{r_0} = [v_0, r_0],$$

这里整数 $v_0 \neq \xi$,且由 ξ 是无理数与 $0 < \{\xi\} < 1$ 可知 r_0 是大于 1 的无理数. 再令 $v_1 = [r_0]$,$r_1 = \dfrac{1}{\{r_0\}}$,则形式地有

$$r_0 = v_1 + \frac{1}{r_1},$$

$$\xi = v_0 + \cfrac{1}{v_1 + \cfrac{1}{r_1}} = [v_0, v_1, r_1],$$

其中 v_1 是自然数,r_1 是大于 1 的无理数. 由于 r_1 是无理数,上面的过程可重复不断地进行下去. 一般地,令

$$v_n = [r_{n-1}], r_n = \frac{1}{\{r_{n-1}\}},$$

则

$$r_{n-1} = v_n + \frac{1}{r_n} \quad (n = 1, 2, \cdots),$$

其中 v_n 是自然数,r_n 是大于 1 的无理数. 由于上述过程不可终止,故对任意的非负整数 $n = 0, 1, 2, \cdots$,有

$$\xi = [v_0, v_1, v_2, \cdots, v_n, r_n]. \tag{1.39}$$

这样我们就得到了一个由有限简单连分数组成的有理数无穷序列

$$\xi_n = [v_0, v_1, v_2, \cdots, v_n] \quad (n = 0, 1, 2, \cdots). \tag{1.40}$$

值得注意的是,与有理数的情形 (1.37) 或 (1.38) 不同,在 ξ_n 的表达式 (1.40) 中,v_0 是整数,$v_1, v_2, \cdots, v_n$ 只是正整数,不一定有 $v_n > 1$. 下面的任务是证明无理数 ξ 就是有理数列 $\{\xi_n\}$ 的极限.

一般地，设在形如(1.40)的无穷序列中，v_0 是实数(不一定是整数)，$v_1, v_2, \cdots, v_n, \cdots$ 都是正数(不一定是正整数)，将由它们构成的无穷序列 $\{v_j\}_0^\infty$ 也记为

$$[v_0, v_1, v_2, \cdots, v_n, \cdots], \tag{1.41}$$

并称(1.41)为**无限连分数**，而将 $v_j(j \geqslant 0)$ 称为它的**元素**. 若存在实数 ξ 使得

$$\lim_{n \to \infty}[v_0, v_1, v_2, \cdots, v_n] = \xi,$$

则称 ξ 是这个**无限连分数的值**，记为

$$\xi = [v_0, v_1, v_2, \cdots, v_n, \cdots] \tag{1.42}$$

或

$$\xi = v_0 + \cfrac{1}{v_1 + \cfrac{1}{v_2 + \cfrac{1}{\ddots + \cfrac{1}{v_{n-2} + \cfrac{1}{v_{n-1} + \cfrac{1}{v_n + \cfrac{1}{\ddots}}}}}}}. \tag{1.43}$$

当 v_0 是整数，而 $v_1, v_2, \cdots, v_n, \cdots$ 是正整数时，称(1.42)或(1.43)是**无限简单连分数**，简称**无限连分数**，元素 $v_j(j \geqslant 0)$ 称为 ξ 的**第 j 个部分商**. 在有限连分数(1.37)(或(1.38))与无限连分数(1.42)(或(1.43))中，令

$$p_0 = v_0, \quad p_1 = v_1 v_0 + 1, \quad \cdots, \quad p_k = v_k p_{k-1} + p_{k-2}(k \geqslant 2);$$
$$q_0 = 1, \quad q_1 = v_1, \quad \cdots, \quad q_k = v_k q_{k-1} + q_{k-2}(k \geqslant 2),$$

则称 $\dfrac{p_k}{q_k}(k = 0, 1, 2, \cdots)$ 是**连分数的第 k 个(或 k 阶)渐近分数**.

引理 1.1　在以上记号下，有

$$[v_0, v_1, v_2, \cdots, v_n] = \frac{p_n}{q_n} \quad (n = 0, 1, 2, 3, \cdots). \tag{1.44}$$

证明　对于 $n = 0$，等式(1.44)显然成立. 对于 $n = 1$，由

$$[v_0, v_1] = v_0 + \frac{1}{v_1} = \frac{v_0 v_1 + 1}{v_1} = \frac{p_1}{q_1},$$

可知等式(1.44)同样成立.假设对于自然数 n,等式(1.44)已经证明,即

$$[v_0, v_1, v_2, \cdots, v_n] = \frac{p_n}{q_n}.$$

那么对于自然数 $n+1$,由定义与归纳假设可知

$$[v_0, v_1, v_2, \cdots, v_n, v_{n+1}] = \left[v_0, v_1, v_2, \cdots, v_{n-1}, \left(v_n + \frac{1}{v_{n+1}}\right)\right] = \frac{P_n}{Q_n},$$

其中 $\dfrac{P_n}{Q_n}$ 是对其他部分商不变,而最后一个部分商变为 $v_n + \dfrac{1}{v_{n+1}}$ 时的 n 阶渐近连分数.由于

$$P_n = \left(v_n + \frac{1}{v_{n+1}}\right) p_{n-1} + p_{n-2}$$

$$= (v_n p_{n-1} + p_{n-2}) + \frac{1}{v_{n+1}} p_{n-1}$$

$$= p_n + \frac{1}{v_{n+1}} p_{n-1}$$

$$= \frac{v_{n+1} p_n + p_{n-1}}{v_{n+1}} = \frac{p_{n+1}}{v_{n+1}},$$

$$Q_n = \left(v_n + \frac{1}{v_{n+1}}\right) q_{n-1} + q_{n-2}$$

$$= (v_n q_{n-1} + q_{n-2}) + \frac{1}{v_{n+1}} q_{n-1}$$

$$= q_n + \frac{1}{v_{n+1}} q_{n-1}$$

$$= \frac{v_{n+1} q_n + q_{n-1}}{v_{n+1}} = \frac{q_{n+1}}{v_{n+1}},$$

故

$$[v_0, v_1, v_2, \cdots, v_n, v_{n+1}] = \frac{P_n}{Q_n} = \frac{p_{n+1}}{q_{n+1}},$$

即等式(1.44)对 $n+1$ 同样成立.于是由归纳法原理可知等式(1.44)

对于任何非负整数都成立.　□

引理 1.2　在以上记号下,有

$$\frac{p_k}{q_k}-\frac{p_{k-1}}{q_{k-1}}=\frac{(-1)^{k+1}}{q_kq_{k-1}}\ (k\geqslant1),\tag{1.45}$$

$$\frac{p_k}{q_k}-\frac{p_{k-2}}{q_{k-2}}=\frac{(-1)^kv_k}{q_kq_{k-2}}\ (k\geqslant2).\tag{1.46}$$

证明　让我们先证与(1.45)等价的关系

$$p_kq_{k-1}-p_{k-1}q_k=(-1)^{k+1}(k\geqslant1).\tag{1.47}$$

对 $k=1$,由定义可知(1.47)式显然成立.假设对自然数 k 等式(1.47)已经证明.于是

$$\begin{aligned}p_{k+1}q_k-p_kq_{k+1}&=(v_{k+1}p_k+p_{k-1})q_k-p_k(v_{k+1}q_k+q_{k-1})\\&=-(p_kq_{k-1}-p_{k-1}q_k)\\&=-(-1)^{(k+1)}=(-1)^{(k+1)+1},\end{aligned}$$

即(1.47)式对于 $k+1$ 同样成立.故由归纳法原理可知(1.47)式或(1.45)式总成立.

对于任意的 $k\geqslant2$,由(1.45)式可知

$$\begin{aligned}\frac{p_k}{q_k}-\frac{p_{k-2}}{q_{k-2}}&=\left(\frac{p_k}{q_k}-\frac{p_{k-1}}{q_{k-1}}\right)+\left(\frac{p_{k-1}}{q_{k-1}}-\frac{p_{k-2}}{q_{k-2}}\right)\\&=\frac{(-1)^{k+1}}{q_kq_{k-1}}+\frac{(-1)^k}{q_{k-1}q_{k-2}}\\&=(-1)^k\left(\frac{1}{q_{k-1}q_{k-2}}-\frac{1}{q_kq_{k-1}}\right).\end{aligned}$$

在等式

$$q_k-q_{k-2}=v_kq_{k-1}$$

的两端同乘以 $\dfrac{1}{q_kq_{k-1}q_{k-2}}$ 得

$$\frac{1}{q_{k-1}q_{k-2}}-\frac{1}{q_kq_{k-1}}=\frac{v_k}{q_kq_{k-2}},$$

从而

$$\frac{p_k}{q_k}-\frac{p_{k-2}}{q_{k-2}}=\frac{(-1)^kv_k}{q_kq_{k-2}}.\quad\square$$

定理 1.6 每个无限简单连分数都收敛.

证明 设

$$[v_0,v_1,v_2,\cdots,v_n,\cdots]$$

是无限简单连分数,其中 v_0 是整数, $v_1,v_2,\cdots,v_n,\cdots$ 是正整数.这时由(1.46)式可知 $\left\{\dfrac{p_k}{q_k}\right\}$ 的偶次项子列单调递增,奇次项子列单调递减.由(1.45)式可知

$$\frac{p_{2k}}{q_{2k}}<\frac{p_{2k-1}}{q_{2k-1}},$$

于是由单调有界定理可知 $\left\{\dfrac{p_k}{q_k}\right\}$ 的偶次项子列与奇次项子列都收敛.再由

$$\left|\frac{p_k}{q_k}-\frac{p_{k-1}}{q_{k-1}}\right|=\frac{1}{q_kq_{k-1}}\ (k\geqslant1)$$

与 $q_nq_{n-1}\rightarrow+\infty(n\rightarrow\infty)$ 可知偶次项子列与奇次项子列收敛到同一极限 ξ,即

$$\lim_{n\rightarrow\infty}[v_0,v_1,v_2,\cdots,v_n]=\lim_{n\rightarrow\infty}\frac{p_n}{q_n}=\xi.\quad\square$$

注 1.1 至此,我们仅知道以上极限 ξ 是一个实数,只有在定理 1.8 被证明之后,我们才将看到这个极限就是无理数.

定理 1.7 每个无理数 ξ 可被唯一地表示为一个无限简单连分数.

证明 设 ξ 是无理数, $[v_0,v_1,v_2,\cdots,v_n,\cdots]$ 是经 ξ 构造的无限简单连分数.用 $\dfrac{p_n}{q_n}$ 表示连分数的第 n 个渐近分数.我们在定理 1.6 中已经证明了序列 $\left\{\dfrac{p_n}{q_n}\right\}$ 收敛,下面证明 $\left\{\dfrac{p_n}{q_n}\right\}$ 的极限正好就是无理数 ξ.由(1.39)式可知

$$\xi=[v_0,v_1,v_2,\cdots,v_n,r_n]\ (n=0,1,2,\cdots),$$

右方的第 $n+1$ 个渐近分数 $\dfrac{p'_{n+1}}{q'_{n+1}}$ 就是 ξ 本身.于是由引理 1.1 与定义

可知

$$\xi = \frac{p'_{n+1}}{q'_{n+1}} = \frac{p_n r_n + p_{n-1}}{q_n r_n + q_{n-1}}.$$

同样由引理 1.1 与定义可知

$$[v_0, v_1, v_2, \cdots, v_n, v_{n+1}] = \frac{p_{n+1}}{q_{n+1}} = \frac{p_n v_{n+1} + p_{n-1}}{q_n v_{n+1} + q_{n-1}}.$$

由

$$0 < r_n - v_{n+1} = \frac{1}{r_{n+1}} < 1,$$

可得

$$q_n r_n + q_{n-1} > q_n v_{n+1} + q_{n-1} = q_{n+1},$$

再由(1.47)式得

$$|p_n q_{n-1} - p_{n-1} q_n| = 1 \ (n \geqslant 1).$$

于是

$$\left| \xi - \frac{p_{n+1}}{q_{n+1}} \right| = \frac{|p_n q_{n-1} - p_{n-1} q_n| (r_n - v_{n+1})}{(q_n r_n + q_{n-1})(q_n v_{n+1} + q_{n-1})} < \frac{1}{q_{n-1}^2} \to 0 (n \to \infty),$$

即数列 $\left\{ \dfrac{p_n}{q_n} \right\}$ 收敛到 ξ. 换句话说, 无理数 ξ 被展开成了无限简单连分数(1.42)或(1.43).

下面再证无理数 ξ 的无限简单连分数展开式的唯一性. 设两个无限简单连分数 $[v_0, v_1, v_2, \cdots, v_n, \cdots]$ 与 $[u_0, u_1, u_2, \cdots, u_n, \cdots]$ 都表示无理数 ξ, 即二者同时收敛到 ξ. 记

$$\varphi_n = [v_n, v_{n+1}, \cdots], \quad \psi_n = [u_n, u_{n+1}, \cdots] \ (n \geqslant 0).$$

由

$$\varphi_0 = \lim_{n \to \infty} [v_0, v_1, \cdots, v_n] = \lim_{n \to \infty} \left(v_0 + \frac{1}{[v_1, \cdots, v_n]} \right),$$

$$\varphi_1 = \lim_{n \to \infty} [v_1, \cdots, v_n] \ (> v_1 \geqslant 1),$$

可知

$$\varphi_0 = v_0 + \frac{1}{\varphi_1}.$$

注意到 $0<\dfrac{1}{\varphi_1}<1$,于是 $v_0=[\varphi_0]$. 同理 $u_0=[\psi_0]$. 于是由

$$\varphi_0=[v_0,v_1,v_2,\cdots,v_n,\cdots]=[u_0,u_1,u_2,\cdots,u_n,\cdots]=\psi_0,$$

可知 $[\varphi_0]=[\psi_0]$,即 $v_0=u_0$. 由此可得

$$[v_1,v_2,\cdots,v_n,\cdots]=[u_1,u_2,\cdots,u_n,\cdots].$$

重复以上推理可得 $v_1=u_1$. 将这个过程不断重复下去便得 $v_k=u_k$ ($k\geqslant 0$). 这就证明了表示的唯一性. □

至此我们已经做好了给出本节基本定理的准备.

定理 1.8 每个无理数 ξ 可被唯一地表示成一个无限简单连分数. 反过来,每个无限简单连分数表示一个唯一的无理数.

证明 第一部分由定理 1.7 可知. 由定理 1.6 可知每个无限简单连分数收敛到一个唯一实数 ξ. 由 ξ 的连分数表示无限与定理 1.5 可知 ξ 只能是一个无理数. □

§1.5 以动求静与常变互易方法的应用

初等数学的主要特点是"静"与"常",高等数学的基本特征是"动"与"变". 例如,在计算一个算式的值或求一个几何对象的度量等初等数学问题中,计算对象是静止不变的,计算结果是个常数,初等数值方程的根也是隐藏在方程中的某个常数;在高等数学中,变速运动的路程、速度及加速度等都是随着时间而变的,是一个动态的过程,带有初值或边值条件的微分方程的解是随着初值与边值条件的改变而改变的函数.

在数学或其他领域也存在一些这样的过程,"动"与"静"、"变"与"常"在其中交替出现. 例如,在极限 $\lim\limits_{x\to x_0}f(x)=A\in\mathbf{R}$ 的定义"对于任意给定的 $\varepsilon>0$,存在 $\delta>0$,使当 $0<|x-x_0|<\delta$ 时,$|f(x)-A|<\varepsilon$"

中,一开始 $\varepsilon > 0$ 是"任意"给出的,但是一旦给出后又是"给定"的,要根据这个暂时固定的 $\varepsilon > 0$,去寻找适当的能保证 $|f(x) - A| < \varepsilon$ 成立的 $\delta > 0$,即由条件 $0 < |x - x_0| < \delta$ 能确保结论 $|f(x) - A| < \varepsilon$. 这是一个动中有静、静中有动、变中有常、常中有变的交替过程. 掌握这种常变互易的思想方法,在解答许多初等数学问题时可以收到非常神奇的效果. 有时可把某些"静"的问题看成某种"动"的结果,从而以"动"的极限方法求"静"的极限结果.

例 1.18 如图 1.2(a),求五棱锥 $V\text{-}ABCDE$ 的各侧面的顶角之和 $\angle AVB + \angle BVC + \angle CVD + \angle DVE + \angle EVA$ 的取值范围.

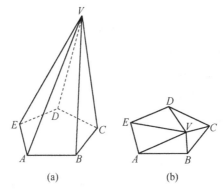

(a)　　　　　(b)

图 1.2

解 本题除"五棱锥"外没有其他任何信息,囿于初等数学的"静"的观念,会让我们感到束手无策. 但是如果让顶点 V 动起来,想象让顶点 V 与 A,B,C,D,E 五点之间由五根橡皮筋相连,将 V 从 A,B,C,D,E 所在平面上提起来,便形成现在的五棱锥. 于是当点 V 落在平面 $ABCDE$ 上时,$\angle AVB + \angle BVC + \angle CVD + \angle DVE + \angle EVA$ 取到最大值 2π,如图 1.2(b);随着点 V 越提越高,$\angle AVB + \angle BVC + \angle CVD + \angle DVE + \angle EVA$ 越来越小,当点 V 提到无穷高时,$\angle AVB + \angle BVC + \angle CVD + \angle DVE + \angle EVA$ 以 0 为极限,故该和的取值范围是 $(0, 2\pi)$.

例 1.19 设点 $P(x_0, y_0)$ 在圆 $C: x^2 + y^2 = r^2$ 外,过点 P 作圆 C 的两条切线,切点为 A, B. 试证:过 A, B 的直线方程为 $x_0 x + y_0 y = r^2$.

分析 此题若先求出切点 A,B 的坐标,再求直线方程,运算量较大,若用动静互易观点去考虑,问题就变得比较简单.

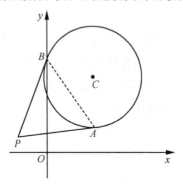

图 1.3

解 如图 1.3,设切点为 $A(x_1,y_1)$ 与 $B(x_2,y_2)$. 由中学数学知识可知圆 C 的经过 A,B 两点的切线方程分别是

$$x_1 x + y_1 y = r^2, \quad x_2 x + y_2 y = r^2.$$

由于两条切线均过 $P(x_0,y_0)$ 点,故

$$x_1 x_0 + y_1 y_0 = r^2, \quad x_2 x_0 + y_2 y_0 = r^2$$

同时成立(此时 P 被看作动点). 现将两个方程中的 x_0,y_0 看作常数,或将 P 看作固定点,则由切点 $A(x_1,y_1)$,$B(x_2,y_2)$ 的坐标均满足直线方程 $x_0 x + y_0 y = r^2$ 可知 A,B 两点都在相应直线上. 最后由两点可以确定一条直线可知,过 A,B 两点的直线方程就是

$$x_0 x + y_0 y = r^2.$$

例 1.20 求函数

$$y = f(x) = \frac{x^2 - 3x + 4}{x^2 + 3x + 4}$$

的最大、最小值.

解 由于 $x^2 + 3x + 4 = 0$ 的判别式小于 0,故方程在实数范围内无解,即 $x^2 + 3x + 4 > 0$ 总成立,从而函数的定义域是全体实数. 现将函数变量 y 看作常数,则函数关系等价于关于自变量 x 的一元二次方程

$$(y-1)x^2 + 3(y+1)x + 4(y-1) = 0. \tag{1.48}$$

显然 $y=1$ 与 $x=0$ 对应. 当 $y \neq 1$, 但属于 $f(x)$ 的值域时, 方程(1.48)有实数解, 故判别式

$$\Delta = 9(y+1)^2 - 16(y-1)^2 = (7y-1)(7-y) \geqslant 0,$$

即 $\frac{1}{7} \leqslant y \leqslant 7$, 或 $f(x)$ 的值域为 $\left[\frac{1}{7}, 7\right]$. 所以函数的最小值为 $f(x)_{\min} = \frac{1}{7}$, 最大值为 $f(x)_{\max} = 7$.

例 1.21 用一元二次方程的求根公式解一元四次方程

$$x^4 - 4x^2 - x + 2 = 0. \tag{1.49}$$

解 方程(1.49)作为未知数 x 的 4 次方程我们没有求解公式. 但可通过常变互易方法, 将方程改写成以 2 为形式未知数、x 为参数的二次方程

$$2^2 - (2x^2 + 1)2 + (x^4 - x) = 0, \tag{1.50}$$

则由一元二次方程的求根公式可得

$$2 = \frac{1}{2}\left[(2x^2+1) \pm \sqrt{(2x^2+1)^2 - 4(x^4 - x)}\right]$$

$$= \frac{1}{2}\left[(2x^2+1) \pm |2x+1|\right].$$

从而得到未知数 x 的两个二次方程

$$x^2 + x - 1 = 0, \quad x^2 - x - 2 = 0.$$

再次利用一元二次方程求根公式可得两个方程的根分别是

$$x_1 = \frac{-1+\sqrt{5}}{2}, \quad x_2 = \frac{-1-\sqrt{5}}{2}$$

与

$$x_3 = -1, \quad x_4 = 2.$$

回代验证可知这四个数就是原方程的四个根.

例 1.22 在锐角三角形 ABC 中, 已知 $AC=2$, $BC=1$, 求三角形 ABC 的另一边 AB 的取值范围.

解 本题可用正弦定理或余弦定理等去解, 但求解过程比较繁

琐.如果采用以"动"求"静"的方法,问题将变得非常简单.如图 1.4,让线段 $AC=2$ 固定,则点 B 位于以 C 为圆心、半径为 1 的圆周上.设点 E,D 也在圆周上,且 $\angle ACD$ 与 $\angle AEC$ 为直角.现在 $\triangle ABC$ 为锐角三角形的条件是点 B 位于由 D,E 确定的圆 C 的劣弧上.由勾股定理可知 $AE=\sqrt{3}, AD=\sqrt{5}$,于是线段 AB 的取值范围是 $(\sqrt{3},\sqrt{5})$.

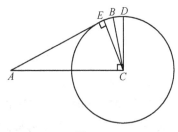

图 1.4

例 1.23 已知 $0<x<y<a<1$,则以下选项正确的是(　　).

(A) $\log_a(xy)<0$　　　　　　(B) $0<\log_a(xy)<1$

(C) $1<\log_a(xy)<2$　　　　　(D) $2<\log_a(xy)$

解 我们同样采用运动与极限的思想来求解.由于当 $x\to a$ 时,$y\to a$,这时 $\log_a(xy)\to\log_a a^2=2$,从而正确选项只能在后两个中.当 $x\to 0$ 时,$z=xy\to 0$ 总成立.再由 $0<a<1$ 以及函数 $\log_a z$ 的单调性可知这时 $\log_a(xy)\to+\infty$,从而正确选项只能是(D).

例 1.24 求算式 $\sqrt{2+\sqrt{2+\sqrt{2+\sqrt{2+\cdots}}}}$ 的值.

解 表面看来所求算式的值是一个"动"的极限过程的结果.但是如果这个算式的极限存在,那么此值就是一个定数.现在我们默认这个极限存在,且设这个极限是定数 x,则

$$x=\sqrt{2+\sqrt{2+\sqrt{2+\sqrt{2+\cdots}}}}.$$

由定义可知关系 $x=\sqrt{2+x}$ 成立,即极限 x 是方程 $x^2=2+x$ 或

$$x^2-x-2=(x-2)(x+1)=0$$

的根,从而 $x=2$ 或 $x=-1$(舍去),所以

$$x=\sqrt{2+\sqrt{2+\sqrt{2+\sqrt{2+\cdots}}}}=2.$$

例 1.25 如图 1.5,点 P 位于单位正方体 $ABCD\text{-}EFGH$ 的对角线 BH 上.求当 $\angle APC$ 分别是锐角和钝角时,比值 $\lambda=\dfrac{HP}{HB}$ 的取值范围.

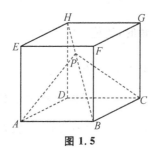

图 1.5

解 首先讨论 $\angle APC$ 是锐角的情形.由 $CH=AH=AC$ 可知当点 P 位于点 H 处时 $\angle APC$ 是锐角 $\dfrac{\pi}{3}$,这时 $\lambda=0$.设 P_1 是对角线 BH 上这样的点:使得 $\angle AP_1C$ 是直角(点 P_1 与点 B 不重合),且当点 P 在对角线 BH 上位于点 P_1 上侧时,$\angle APC$ 是锐角,位于点 P_1 下侧时,$\angle APC$ 是钝角或直角,即点 P_1 是使 $\angle APC$ 为锐角的点 P 的极限位置.由在同一条斜边上的两个等腰直角三角形全等可知 $\triangle AP_1C\cong\triangle ABC$,从而 $AP_1=CP_1=AB=1$.由余弦定理可知

$$AH^2=AB^2+BH^2-2AB\cdot BH\cos\angle ABH,$$

即

$$2=1+3-2\sqrt{3}\cos\angle ABH,$$

从而 $\cos\angle ABH=\dfrac{\sqrt{3}}{3}$.再由

$$\cos\angle BAP_1=\cos(\pi-2\angle ABH)=-\cos(2\angle ABH)$$

$$=1-2\cos^2\angle ABH=\dfrac{1}{3},$$

由余弦定理可得

$$BP_1^2=AP_1^2+AB^2-2AP_1\cdot AB\cos\angle BAP_1=2-\dfrac{2}{3}=\dfrac{4}{3},$$

即 $BP_1 = \dfrac{2}{\sqrt{3}}$. 从而有极限比值

$$\lambda_1 = \frac{HP_1}{HB} = \frac{\sqrt{3} - \dfrac{2}{\sqrt{3}}}{\sqrt{3}} = \frac{1}{3}.$$

于是得当 $\angle APC$ 为锐角时, 比值 $\lambda = \dfrac{HP}{HB}$ 的取值范围是 $\left[0, \dfrac{1}{3}\right)$.

当点 P 与点 B 重合时, $\angle APC = \dfrac{\pi}{2}$, 不是钝角, 相应的比值 $\lambda = 1$. 但当点 P 从点 B 出发沿对角线向上移动不超过点 P_1 时, 相应的角 $\angle APC$ 是钝角. 故当 $\angle APC$ 为钝角时, 比值 $\lambda = \dfrac{HP}{HB}$ 的取值范围是 $\left(\dfrac{1}{3}, 1\right)$. 而当 $\angle APC$ 是直角时, 比值 $\lambda = \dfrac{HP}{HB}$ 取 $\dfrac{1}{3}$ 或 1.

第二章
导数与微分及其应用

上一章我们讨论了极限的统一定义及其在初等数学中的应用. 如果说极限思想是认识世界的一种方法,那么作为数学分析主体内容的微积分学就是认识与改造世界的有力工具. 导数的概念及初步应用早已进入中学课堂[10],任课教师只有熟练掌握、深刻领会相关内容,才能游刃有余地胜任相关教学. 本章针对中学数学教学需要并略有提高,简要但不失严密地介绍导数与微分的概念及相关命题,给出如何将其应用于初等数学的一些例子,特别是不等式方面的例子.

§2.1 导数的定义

函数的导数最初是由法国数学家费马(Fermat)为了研究极值问题而引入的. 但比较而言,与导数概念联系更加直接的是以下两个问题:

(a) 已知运动方程求速度;

(b) 已知曲线方程求切线.

这两个问题分别是由英国数学家牛顿(Newton)和德国数学家莱布尼兹(Leibniz)在研究力学和几何学过程中建立起来的. 像多数教科书一样,我们将以这两个问题为背景引入导数的概念.

例 2.1(变速运动的瞬时速度) 设一质点做变速直线运动,其运

动方程为 $s=s(t)$. 若 t_0 为某一确定的时刻，t 在 t_0 附近，则

$$\overline{v}=\frac{s(t)-s(t_0)}{t-t_0}$$

是质点在时间段 $[t_0,t]$ $(t_0<t)$ 或 $[t,t_0]$ $(t<t_0)$ 的平均速度. 若当 $t\to t_0$ 时平均速度 $\overline{v}$ 的极限存在，则极限

$$v=\lim_{t\to t_0}\frac{s(t)-s(t_0)}{t-t_0} \tag{2.1}$$

理所当然就反映了做变速运动的质点在 t_0 时刻的瞬时速度.

在诸如物质比热、电流强度、线密度等许多问题中，尽管它们的物理背景各不相同，但最终都归结为讨论形如(2.1)式的极限.

例 2.2（曲线切线的斜率） 如图 2.1，在曲线 $y=f(x)$ 上一点 $P(x_0,y_0)$ 处，切线 PT 可以看成是当动点 Q 沿曲线无限接近 P 点时割线 PQ 的极限. 由于割线的斜率是 $\overline{k}=\dfrac{f(x)-f(x_0)}{x-x_0}$，故当

极限 $\lim\limits_{x\to x_0}\dfrac{f(x)-f(x_0)}{x-x_0}$ 存在时，极限

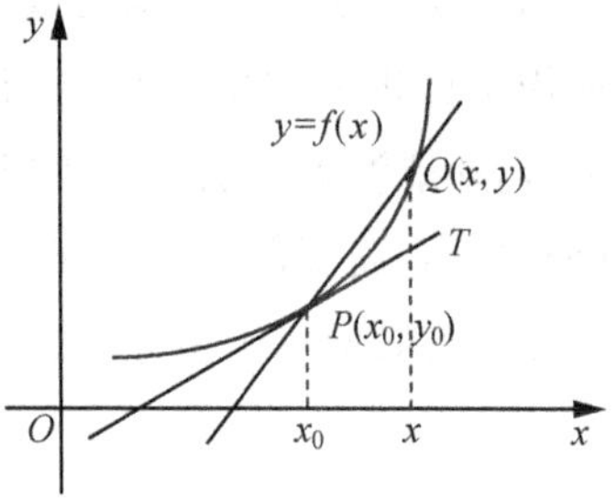

图 2.1

$$k=\lim_{x\to x_0}\frac{f(x)-f(x_0)}{x-x_0} \tag{2.2}$$

即为曲线在 P 点处切线的斜率.

上述两个问题虽然考虑的对象不同，一个是运动学问题，一个是几何学问题，但是它们都可以归结为形如(2.1)式与(2.2)式的函数改变量与自变量改变量的比的极限. 据此我们抽象出导数的定义如下：

定义 2.1 设函数 $y=f(x)$ 在点 x_0 的某邻域内有定义. 若极限

$$\lim_{x\to x_0}\frac{f(x)-f(x_0)}{x-x_0}$$

存在，则称函数 $y=f(x)$ **在 x_0 点可导**，并称该极限为函数 $y=f(x)$

在 x_0 点的导数,记作 $f'(x_0)$ 或 $\dfrac{\mathrm{d}y}{\mathrm{d}x}\Big|_{x=x_0}$ 等,即

$$f'(x_0)=\frac{\mathrm{d}y}{\mathrm{d}x}\Big|_{x=x_0}=\lim_{x\to x_0}\frac{f(x)-f(x_0)}{x-x_0}. \tag{2.3}$$

若极限 $\lim\limits_{x\to x_0}\dfrac{f(x)-f(x_0)}{x-x_0}$ 不收敛,则称 $f(x)$**在 x_0 点不可导.**

若令 $\Delta x=x-x_0$ 是自变量的改变量,$\Delta y=f(x)-f(x_0)=f(x_0+\Delta x)-f(x_0)$ 是对应的函数改变量,则导数也可表达成

$$\frac{\mathrm{d}y}{\mathrm{d}x}\Big|_{x=x_0}=f'(x_0)=\lim_{\Delta x\to 0}\frac{\Delta y}{\Delta x}, \tag{2.4}$$

即导数就是函数改变量与自变量改变量之比的极限.

也可以考虑由单侧极限导出的所谓单侧导数:称

$$f'_-(x_0)=\lim_{x\to x_0^-}\frac{f(x)-f(x_0)}{x-x_0}$$

与

$$f'_+(x_0)=\lim_{x\to x_0^+}\frac{f(x)-f(x_0)}{x-x_0}$$

分别是函数 $y=f(x)$ 在 x_0 点的**左导数与右导数.** 显然函数 $y=f(x)$ 在 x_0 点可导的充分必要条件是函数 $y=f(x)$ 在 x_0 点的左、右导数都存在而且相等.

若函数 $y=f(x)$ 在区间 I 上每一点都可导(对于区间端点,只考虑相应的单侧导数),则称 $y=f(x)$ 是 **I 上的可导函数.** 此时对于每一个 $x\in I$,都有一个导数 $f'(x)$(或单侧导数)与之对应. 这样就定义了一个 I 上的新函数 $f'(x)$,称之为 $f(x)$ 的**导函数**,简称**导数**,记作 $y'=f'(x)$ 或 $y'=\dfrac{\mathrm{d}y}{\mathrm{d}x}$,即

$$f'(x)=\frac{\mathrm{d}y}{\mathrm{d}x}=\lim_{\Delta x\to 0}\frac{\Delta y}{\Delta x}=\lim_{u\to x}\frac{f(u)-f(x)}{u-x}, x\in I. \tag{2.5}$$

目前我们只将(2.5)式中的导数 $\dfrac{\mathrm{d}y}{\mathrm{d}x}$ 看作一个整体,在微分的概念建立之后我们将会看到,这个记号实际上是两个微分之"商",简称

微商.

例 2.3 用导数的定义求以下五个函数的导数：

（1）常函数 $y = C, x \in \mathbf{R}$；

（2）幂函数 $y = x^n, x \in \mathbf{R}(n \in \mathbf{N})$；

（3）三角函数 $y = \sin x, x \in \mathbf{R}$；

（4）指数函数 $y = a^x, x \in \mathbf{R}(a > 0 \text{ 且 } a \neq 1)$；

（5）对数函数 $y = \log_a x, x > 0(a > 0 \text{ 且 } a \neq 1)$.

解 （1）对常函数 $y = f(x) \equiv C$,

$$C' = \lim_{u \to x} \frac{f(u) - f(x)}{u - x} = \lim_{u \to x} \frac{C - C}{u - x} = 0, x \in \mathbf{R}. \tag{2.6}$$

（2）对幂函数 $y = x^n$, 由

$$\lim_{u \to x} \frac{u^n - x^n}{u - x} = \lim_{u \to x} \frac{(u - x)(u^{n-1} + u^{n-2}x + \cdots + ux^{n-2} + x^{n-1})}{u - x}$$

$$= \lim_{u \to x}(u^{n-1} + u^{n-2}x + \cdots + ux^{n-2} + x^{n-1}) = nx^{n-1},$$

得

$$(x^n)' = nx^{n-1}, x \in \mathbf{R}(n \in \mathbf{N}). \tag{2.7}$$

（3）对三角函数 $y = \sin x$, 由和差化积公式与重要极限 $\dfrac{\sin x}{x} \to 1$

$(x \to 0)$ 可得

$$\lim_{\Delta x \to 0} \frac{\sin(x + \Delta x) - \sin x}{\Delta x} = \lim_{\Delta x \to 0} \frac{2\sin \dfrac{\Delta x}{2} \cos\left(x + \dfrac{\Delta x}{2}\right)}{\Delta x} = \cos x,$$

即

$$(\sin x)' = \cos x, x \in \mathbf{R}. \tag{2.8}$$

（4）对指数函数 $y = a^x$, 由例 1.9 中公式 (1.27) 可知

$$\lim_{\Delta x \to 0} \frac{a^{x + \Delta x} - a^x}{\Delta x} = a^x \lim_{\Delta x \to 0} \frac{a^{\Delta x} - 1}{\Delta x} = a^x \ln a,$$

即

$$(a^x)' = a^x \ln a, x \in \mathbf{R}(a > 0 \text{ 且 } a \neq 1). \tag{2.9}$$

当 a 取自然对数的底 e 时, 公式 (2.9) 简化为

$$(e^x)' = e^x, x \in \mathbf{R}. \tag{2.10}$$

（5）对对数函数 $y = \log_a x$，由对数性质与重要极限（1.25）知

$$\lim_{\Delta x \to 0} \frac{\log_a(x+\Delta x) - \log_a x}{\Delta x} = \frac{1}{x} \lim_{\Delta x \to 0} \log_a \left(1 + \frac{\Delta x}{x}\right)^{\frac{x}{\Delta x}}$$
$$= \frac{1}{x} \log_a e = \frac{1}{x \ln a},$$

即

$$(\log_a x)' = \frac{1}{x \ln a}, x > 0 (a > 0 \ \text{且} \ a \neq 1). \tag{2.11}$$

当 a 取自然对数的底 e 时，公式（2.11）简化为

$$(\ln x)' = \frac{1}{x}, x > 0. \tag{2.12}$$

　　与例 2.3 的（3）相仿，不难得到其他三角函数的导数公式. 利用反函数的求导法则可以得到反三角函数的导数公式，这样我们就得到了所有基本初等函数的导数列表，参看文献[1][101]. 如果再用函数的四则运算与复合运算的求导法则，不难得到所有常见初等函数的导数公式.

　　下述定理给出了可导与连续的相互关系：

　　定理 2.1　函数 $y = f(x)$ 在可导点一定连续，反过来不一定成立.

　　证明　当 $y = f(x)$ 在 x_0 点可导时，由

$$\lim_{x \to x_0} \frac{f(x) - f(x_0)}{x - x_0} = f'(x_0)$$

与极限的定义可知，存在 x_0 的某邻域 $U(x_0)$，使在其内有

$$\left| \frac{f(x) - f(x_0)}{x - x_0} - f'(x_0) \right| < 1, x \in \mathring{U}(x_0),$$

从而

$$|(f(x) - f(x_0)) - f'(x_0)(x - x_0)| < |x - x_0|, x \in U(x_0).$$

由三角不等式得

$$|f(x) - f(x_0)| - |f'(x_0)(x - x_0)| < |x - x_0|$$

或

$$|f(x)-f(x_0)|<|f'(x_0)(x-x_0)|+|x-x_0|\to 0(x\to x_0),$$

即 $f(x)\to f(x_0)(x\to x_0)$ 或 $f(x)$ 在 x_0 点连续.

另一方面,注意绝对值函数 $y=f(x)=|x|$ 在 0 点显然连续. 但当 Δx 从左方趋近 0 时 $\dfrac{\Delta y}{\Delta x}\to -1$,当 Δx 从右方趋近 0 时 $\dfrac{\Delta y}{\Delta x}\to 1$,故极限 $\lim\limits_{\Delta x\to 0}\dfrac{\Delta y}{\Delta x}$ 不存在,即函数在连续点 0 处不可导. 这就说明可导一定连续,但连续并不保证可导. □

对于在区间 I 内可导的函数 $y=f(x)$,又可考虑导函数 $f'(x)$ 的可导问题. 若 $f'(x)$ 的导数 $(f'(x))'$ 存在,则称 $(f'(x))'$ 是 $f(x)$ 的二阶导数,记为 y'' 或 $f''(x)$,即

$$y''=f''(x)=(f'(x))'=\lim_{u\to x}\frac{f'(u)-f'(x)}{u-x},x\in I. \quad (2.13)$$

同理可以定义 $f(x)$ 的三阶甚至 n 阶导数,记为

$$y^{(n)},f^{(n)}(x)\text{或}\frac{\mathrm{d}^n f(x)}{\mathrm{d}x^n}.$$

二阶以上的导数统称为**高阶导数**.

§2.2 微分及其应用

微分是与导数密切相关的另一概念.

定义 2.2 设函数 $y=f(x)$ 在 x_0 点的某邻域 $U(x_0)$ 内有定义. 当给 x_0 一个增量 Δx 使 $x_0+\Delta x\in U(x_0)$ 时,相应地得到函数的增量 $\Delta y=f(x_0+\Delta x)-f(x_0)$. 若存在一个与 Δx 无关(仅与 x_0 有关)的常数 $A(x_0)$ 使得

$$\Delta y=A(x_0)\Delta x+\alpha(\Delta x), \quad (2.14)$$

其中 $\alpha(\Delta x)$ 是比 Δx 高阶的无穷小量,即

$$\lim_{\Delta x \to 0} \frac{\alpha(\Delta x)}{\Delta x} = 0,$$

则称 $y = f(x)$ 在 x_0 点可微,称改变量 Δy 的主要部分 $A(x_0)\Delta x$ 是 $y = f(x)$ 在 x_0 点的微分,记为

$$\mathrm{d}y = A(x_0)\Delta x. \tag{2.15}$$

由定义立即可得:

定理 2.2 $A(x_0)\Delta x$ 是 $y = f(x)$ 在点 x_0 的微分的充分必要条件为

$$\lim_{\Delta x \to 0} \frac{\Delta y - A(x_0)\Delta x}{\Delta x} = 0. \tag{2.16}$$

下面的定理给出了可微与可导的关系.

定理 2.3 函数 $y = f(x)$ 在 x_0 点可微的充分必要条件是 $y = f(x)$ 在 x_0 点可导,这时

$$\mathrm{d}y = f'(x_0)\Delta x. \tag{2.17}$$

证明 当 $y = f(x)$ 在 x_0 点可导时,由

$$\lim_{\Delta x \to 0} \frac{\Delta y}{\Delta x} = f'(x_0)$$

可知

$$\lim_{\Delta x \to 0} \frac{\Delta y - f'(x_0)\Delta x}{\Delta x} = 0,$$

故由定理 2.2 可知函数 $y = f(x)$ 在 x_0 点可微.

反过来,当 $y = f(x)$ 在 x_0 点可微时,由 (2.16) 式可知

$$\lim_{\Delta x \to 0} \frac{\Delta y}{\Delta x} = A(x_0),$$

即函数在 x_0 点可导,且 $f'(x_0) = A(x_0)$. 这时由 (2.15) 式给出的微分变成了 (2.17) 式. □

对函数 $y = f(x) = x$ 应用定理 2.3 与 (2.17) 式立即得到:

推论 自变量 x 的微分与改变量相等,即

$$\mathrm{d}x = \Delta x. \tag{2.18}$$

当函数 $y = f(x)$ 在 x_0 点可导或可微时,由 $dx = \Delta x$ 与(2.17)式可知

$$dy = f'(x_0)dx \text{ 或 } f'(x_0) = \frac{dy}{dx},$$

即导数 $f'(x_0)$ 被表达成了函数微分 dy 与自变量微分 dx 的商,这正是导数也被称为**微商**的原因所在.

当函数 $y = f(x)$ 在开区间 I 内每一点都可微时,称

$$dy = f'(x)dx, x \in I \tag{2.19}$$

是函数 $f(x)$ 的微分.

当函数在 x_0 点可微,且自变量的改变量 Δx 很小时,由关系式(2.14)可以得到以下两个约等式:

$$\Delta y \approx f'(x_0)\Delta x, \tag{2.20}$$

$$f(x) \approx f(x_0) + f'(x_0)\Delta x. \tag{2.21}$$

这两个约等式在近似计算中经常被用到.以下两个中学数学问题用初等方法解决比较麻烦,而利用微分近似公式(2.20)可迎刃而解.

例 2.4 设钟摆的周期是 1s,在冬季摆长至多缩短 0.01cm,试问此钟在冬季每天至多快几秒?

解 由物理学知道,单摆周期 T 与摆长 l 的关系为

$$T = 2\pi\sqrt{\frac{l}{g}},$$

其中 T 的单位:s,l 的单位:cm,g 是重力加速度,取 $g = 980\text{cm/s}^2$.已知钟摆的周期为 1s,故原摆长为

$$l_0 = \frac{g}{4\pi^2}.$$

当摆长最多缩短 0.01cm 时,摆长的增量是 $\Delta l = -0.01$.由(2.20)式可知由它引起的单摆周期的增量为

$$\Delta T \approx \frac{dT}{dl}\Big|_{l=l_0} \Delta l = \frac{\pi}{\sqrt{g}} \cdot \frac{1}{\sqrt{l_0}}\Delta l$$

$$= \frac{2\pi^2}{g}\Delta l = \frac{2\pi^2}{980}(-0.01) \approx -0.0002(\text{s}).$$

这就是说,钟摆每摆动一周加快约 0.0002s,因此冬季每天大约加快

$$60 \times 60 \times 24 \times 0.0002 = 17.28(s).$$

例 2.5 为了使球的体积 V 的相对误差不超过 1%,试确定半径 r 的相对误差.

解 由球的体积公式 $V = \dfrac{4}{3}\pi r^3$ 可知

$$r = f(V) = \left(\frac{3}{4\pi}\right)^{\frac{1}{3}} V^{\frac{1}{3}}.$$

由(2.20)式知

$$\Delta r \approx f'(V)\Delta V = \left(\frac{3}{4\pi}\right)^{\frac{1}{3}} \frac{1}{3V^{\frac{2}{3}}} \Delta V.$$

从而

$$\frac{\Delta r}{r} \approx \left(\frac{3}{4\pi}\right)^{\frac{1}{3}} \frac{1}{3V^{\frac{2}{3}}} \cdot \frac{\Delta V}{r} = \frac{1}{3} \cdot \frac{\Delta V}{V} = \frac{1}{300},$$

即 r 的相对误差约为 $\dfrac{1}{300}$.

§2.3　微分中值定理及其应用

微分与导数的绝大部分应用是通过微分中值定理及其推论来实现的.

✣ 2.3.1　微分中值定理

微分中值定理既可以是罗尔定理、拉格朗日中值定理与柯西中值定理等,也可特指定理 2.6.我们从罗尔定理开始讨论.

定理 2.4(罗尔(Rolle)定理)　若函数 $f(x)$ 满足:

(1) 在闭区间$[a,b]$上连续,

(2) 在开区间(a,b)内可导,

(3) $f(a)=f(b)$,

则在(a,b)内至少存在一点ξ,使得

$$f'(\xi)=0.$$

罗尔定理的几何意义是说:在每一点都可导的一段连续曲线上,若曲线的两个端点高度相等,则至少存在一条水平切线(图 2.2).

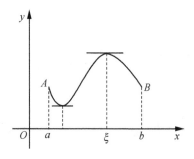

图 2.2

证明 因为 $f(x)$ 在闭区间$[a,b]$上连续,所以 $f(x)$ 在闭区间$[a,b]$上可以取到最大值 M 与最小值 m. 下面分两种情况讨论:

(1) 当 $M=m$ 时,此时 $f(x)$ 在闭区间$[a,b]$上恒为常数,故由例 2.3的(1)可知,对于任意的 $\xi\in(a,b)$,$f'(\xi)=0$ 成立.

(2) 当 $M\neq m$ 时,由 $f(a)=f(b)$ 可知最大值 M 与最小值 m 至少有一个在(a,b)内某点 ξ 取得.不妨就设 $f(\xi)=M$,即 ξ 是 $f(x)$ 的极大值点.于是由函数在点 ξ 的导数与左、右导数相等可知

$$f'(\xi)=f'_+(\xi)=\lim_{x\to\xi^+}\frac{f(x)-f(\xi)}{x-\xi}\leqslant 0$$

与

$$f'(\xi)=f'_-(\xi)=\lim_{x\to\xi^-}\frac{f(x)-f(\xi)}{x-\xi}\geqslant 0$$

同时成立,从而 $f'(\xi)=0$. □

定理 2.5(拉格朗日(Lagrange)中值定理) 若函数 $f(x)$ 满足:

(1) 在闭区间 $[a,b]$ 上连续,

(2) 在开区间 (a,b) 内可导,

则在 (a,b) 内至少存在一点 ξ,使得

$$f'(\xi)=\frac{f(b)-f(a)}{b-a}. \qquad (2.22)$$

拉格朗日中值定理的几何意义是说:在每一点都可导的一段连续曲线上,至少存在一条与割线平行的切线(图 2.3).

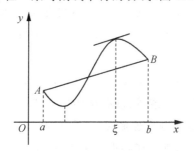

图 2.3

证明 构造 $f(x)$ 与割线函数之差所成的新函数

$$F(x)=f(x)-\left[f(a)+\frac{f(b)-f(a)}{b-a}(x-a)\right],x\in[a,b],$$

则 $F(x)$ 满足罗尔定理的条件,从而在 (a,b) 内至少存在一点 ξ 使 $F'(\xi)=0$ 或等式(2.22)成立. □

由拉格朗日中值定理立即得到通常意义下的微分中值定理:

定理 2.6(微分中值定理) 在拉格朗日中值定理的条件下,对于任意两点 $x_1,x_2\in[a,b]$,在二者之间至少存在一点 ξ 使

$$f(x_2)-f(x_1)=f'(\xi)(x_2-x_1). \qquad (2.23)$$

由微分中值定理 2.6 立即得到:

定理 2.7 连续函数 $y=f(x)$ 在区间 I 上为常数的充分必要条件是其导数恒为 0.

定理 2.8(柯西(Cauchy)中值定理) 若函数 $f(x),g(x)$ 满足:

(1) 在闭区间 $[a,b]$ 上连续,

(2) 在开区间 (a,b) 内可导,且 $g'(x)\neq 0$,

则在(a,b)内至少存在一点ξ,使

$$\frac{f'(\xi)}{g'(\xi)} = \frac{f(b)-f(a)}{g(b)-g(a)}. \qquad (2.24)$$

同拉格朗日中值定理的证明一样,只要验证函数

$$F(x) = f(x) - \left[f(a) + \frac{f(b)-f(a)}{g(b)-g(a)}(g(x)-g(a)) \right], x \in [a,b]$$

满足罗尔定理的条件,即可找到使方程(2.24)成立的ξ.

当$f(x)$在x_0的某邻域$U(x_0,\delta)$内可导时,由微分中值定理2.6可知,对于任意一点$x \in U(x_0,\delta),x \neq x_0$,在$x$与$x_0$之间至少存在一点$\xi$,使

$$f(x) = f(x_0) + f'(\xi)(x-x_0). \qquad (2.25)$$

现在给出定理2.6或等式(2.25)的推广形式:

定理 2.9(高阶微分中值定理)　设$f(x)$在x_0的某邻域$U(x_0,\delta)$内具有$n+1$阶导数,则对任一点$x \in U(x_0,\delta),x \neq x_0$,在$x$与$x_0$之间至少存在一点$\xi$,使

$$f(x) = f(x_0) + f'(x_0)(x-x_0) + \frac{f''(x_0)}{2!}(x-x_0)^2 + \cdots +$$

$$\frac{f^{(n)}(x_0)}{n!}(x-x_0)^n + \frac{f^{(n+1)}(\xi)}{(n+1)!}(x-x_0)^{n+1}. \qquad (2.26)$$

证明　对于给定的$x \in U(x_0,\delta),x \neq x_0$,作辅助函数

$$F(t) = f(x) - \left[f(t) + f'(t)(x-t) + \frac{f''(t)}{2!}(x-t)^2 + \cdots + \frac{f^{(n)}(t)}{n!}(x-t)^n \right]$$

与

$$G(t) = (x-t)^{n+1}, t \in U(x_0,\delta).$$

不妨设$x_0 < x$,则$F(t)$与$G(t)$在$[x_0,x]$上连续,在(x_0,x)内可导,且

$$F'(t) = -\frac{f^{(n+1)}(t)}{n!}(x-t)^n,$$

$$G'(t) = -(n+1)(x-t)^n \neq 0, t \in (x_0,x).$$

由$F(x) = G(x) = 0$与柯西中值定理2.8可知,在x_0与x之间存在一点ξ,使

$$\frac{F(x_0)}{G(x_0)} = \frac{F(x_0) - F(x)}{G(x_0) - G(x)} = \frac{F'(\xi)}{G'(\xi)} = \frac{f^{(n+1)}(\xi)}{(n+1)!}.$$

这就证明了

$$F(x_0) = \frac{f^{(n+1)}(\xi)}{(n+1)!} G(x_0)$$

或等式(2.26)成立. □

公式(2.26)称为是带有拉格朗日型余项的 $n+1$ **阶泰勒公式**，其中

$$R_n(x) = \frac{f^{(n+1)}(\xi)}{(n+1)!}(x - x_0)^{n+1} \tag{2.27}$$

是相应的**拉格朗日型余项**. 这样一来, 由一阶微分中值定理 2.6 给出的公式(2.25)就是 1 阶泰勒公式, 相应的拉格朗日型余项是

$$R_0(x) = f'(\xi)(x - x_0).$$

下面给出三类利用微分中值定理解决中学数学问题的方法与例子.

✹ 2.3.2　函数单调性与不等式的证明

由微分中值定理 2.6 立即得到:

定理 2.10　对于区间 $[a, b]$ 上的连续函数 $f(x)$,

(1) 当导数 $f'(x) \geqslant 0, x \in (a, b)$ 时, $f(x)$ 单调递增; 当 $f'(x) > 0, x \in (a, b)$ 时, $f(x)$ 严格单调递增.

(2) 当导数 $f'(x) \leqslant 0, x \in (a, b)$ 时, $f(x)$ 单调递减; 当 $f'(x) < 0, x \in (a, b)$ 时, $f(x)$ 严格单调递减.

例 2.6　比较整数 2014^{2015} 与 2015^{2014} 的大小.

解　由比较对象的表现形式, 我们自然会想到对一般自然数 n, 比较 n^{n+1} 与 $(n+1)^n$ 的大小, 或者更一般地, 对正实数 x, 比较 x^{x+1} 与 $(x+1)^x$ 的大小. 由于 $(x+1)^x < x^{x+1}$ 等价于 $(x+1)^{\frac{1}{x+1}} < x^{\frac{1}{x}}$, 于是我们自然想到考虑幂指函数

$$f(x) = x^{\frac{1}{x}}, x \in [1, +\infty)$$

的单调性. 指数换底得 $f(x) = e^{\frac{1}{x}\ln x}$, 于是

$$f'(x) = (e^{\frac{1}{x}\ln x})' = e^{\frac{1}{x}\ln x}\frac{1 - \ln x}{x^2} < 0, x > e,$$

即在 $(e, +\infty)$ 上, $f(x) = x^{\frac{1}{x}}$ 严格单调递减. 于是当自然数 $n \geqslant 3$ 时, 便有 $(n+1)^{\frac{1}{n+1}} < n^{\frac{1}{n}}$ 或 $(n+1)^n < n^{n+1}$, 这也就证明了关系 $2015^{2014} < 2014^{2015}$.

由于在 $(e, +\infty)$ 上, $f(x) = x^{\frac{1}{x}}$ 严格单调递减, 故对任意的自然数 $m, n, n > m \geqslant 3$, 由 $n^{\frac{1}{n}} < m^{\frac{1}{m}}$ 可知更一般的不等式 $n^m < m^n$ 总成立.

确定函数的单调区间是中学数学中的常见问题, 利用单调性定理 2.10 可以得到此类问题的简单解法.

例 2.7 讨论函数 $y = f(x) = x^3 - x$ 的单调区间.

解 虽然三次多项式函数 $y = x^3 - x$ 比较简单, 但是只用定义不易确定其单调区间. 如果借助导数与单调性的关系, 问题就变得迎刃而解.

解方程 $f'(x) = 3x^2 - 1 = 0$ 得 $x_1 = -\frac{\sqrt{3}}{3}, x_2 = \frac{\sqrt{3}}{3}$. 由

$$f'(x) = 3\left(x + \frac{\sqrt{3}}{3}\right)\left(x - \frac{\sqrt{3}}{3}\right) \begin{cases} > 0, & x < -\frac{\sqrt{3}}{3}, \\ < 0, & -\frac{\sqrt{3}}{3} < x < \frac{\sqrt{3}}{3}, \\ > 0, & x > \frac{\sqrt{3}}{3} \end{cases}$$

知函数 $f(x)$ 在区间 $\left(-\infty, -\frac{\sqrt{3}}{3}\right)$ 与 $\left(\frac{\sqrt{3}}{3}, +\infty\right)$ 内严格单调递增, 在 $\left(-\frac{\sqrt{3}}{3}, \frac{\sqrt{3}}{3}\right)$ 内严格单调递减.

证明不等式是中学数学中的一类重要题目, 以下几个例子均取自中学教材[9].

例 2.8 试用函数的单调性证明平均值不等式：

$$\sqrt{xy} \leqslant \frac{x+y}{2}, x>0, y>0, \qquad (2.28)$$

等号仅当 $x=y$ 时成立.

证明 由于(2.28)式等价于

$$\sqrt{\frac{y}{x}} \leqslant \frac{1+\frac{y}{x}}{2}, x>0, y>0.$$

不妨设 $x \leqslant y$，于是(2.28)式也等价于

$$\sqrt{z} \leqslant \frac{1}{2}(1+z), z \geqslant 1,$$

其中 $z=\frac{y}{x}$. 考虑函数

$$f(z)=\frac{1}{2}(1+z)-\sqrt{z}, z \geqslant 1.$$

由于函数 $f(z)$ 在定义域上连续，且

$$f'(z)=\frac{1}{2}\left(1-\frac{1}{\sqrt{z}}\right)>0, z>1,$$

故 $f(z)$ 在区间 $[1,+\infty)$ 上严格单调递增. 从而当 $z \geqslant 1$ 时，

$$f(z)=\frac{1}{2}(1+z)-\sqrt{z} \geqslant f(1)=0,$$

即 $\frac{1}{2}(1+z) \geqslant \sqrt{z}$，等号仅当 $z=1$ 时成立. 最后将 $z=\frac{y}{x}$ 代入即得平均值不等式(2.28)，等号仅当 $x=y$ 时成立. □

下面给出平均值不等式的一个简单应用.

例 2.9 证明：对于两个正数 $x,y>0$，

(1) 当乘积 xy 是定值 P 时，和 $x+y$ 的最小值是 $2\sqrt{P}$；

(2) 当和 $x+y$ 是定值 S 时，乘积 xy 的最大值是 $\frac{S^2}{4}$.

证明 (1) 当乘积 xy 是定值 P 时，由平均值不等式

$$x+y \geqslant 2\sqrt{xy}=2\sqrt{P},$$

等号仅当 $x=y$ 时成立,即这时和 $x+y$ 取最小值 $2\sqrt{P}$.

（2）反过来,当和 $x+y$ 是定值 S 时,同样由平均值不等式

$$\sqrt{xy} \leqslant \frac{x+y}{2} = \frac{S}{2}$$

或

$$xy \leqslant \left(\frac{x+y}{2}\right)^2 = \frac{S^2}{4},$$

等号仅当 $x=y$ 时成立,即这时乘积 xy 取最大值 $\dfrac{S^2}{4}$.　$\square$

例 2.10 设 a,b 是正数, $a \neq b$. 证明:

$$a^3 + b^3 > a^2 b + b^2 a.$$

证明 原不等式等价于

$$1 + \left(\frac{b}{a}\right)^3 > \frac{b}{a} + \left(\frac{b}{a}\right)^2.$$

不妨设 $a < b$,于是不等式等价于

$$1 + z^3 > z + z^2, \quad z > 1,$$

其中 $z = \dfrac{b}{a}$. 考虑函数

$$f(z) = 1 + z^3 - z - z^2, \quad z \geqslant 1.$$

函数 $f(z)$ 连续且

$$f'(z) = 3z^2 - 1 - 2z.$$

再由 $f'(z)$ 连续与

$$f''(z) = 6z - 2 > 0, \quad z \geqslant 1,$$

可得导函数 $f'(z)$ 在 $[1, +\infty)$ 上严格单调递增. 于是

$$f'(z) = 3z^2 - 1 - 2z > f'(1) = 0, \quad z > 1,$$

由此可知函数 $f(z)$ 在 $[1, +\infty)$ 上严格单调递增. 于是当 $z > 1$ 时,

$$f(z) = 1 + z^3 - z - z^2 > f(1) = 0,$$

即 $1 + z^3 > z + z^2, z > 1$. 这就证明了当正数 $a \neq b$ 时,

$$a^3 + b^3 > a^2 b + b^2 a. \qquad \square$$

当 $a = b$ 时, $a^3 + b^3 = a^2 b + b^2 a$ 显然成立. 结合例 2.10 知,对于任

意正数 a,b,有

$$a^3+b^3 \geqslant a^2b+b^2a, \tag{2.29}$$

等号仅当 $a=b$ 时成立.

下面给出不等式(2.29)的一个应用.

例 2.11　证明:对于任意正数 a,b,有

$$\frac{a}{\sqrt{b}}+\frac{b}{\sqrt{a}} \geqslant \sqrt{a}+\sqrt{b},$$

等号仅当 $a=b$ 时成立.

证明　原不等式的不等号两端平方,不难得出原不等式等价于

$$\frac{a^2}{b}+\frac{b^2}{a} \geqslant a+b.$$

上式两端同乘以 ab 后得

$$a^3+b^3 \geqslant a^2b+b^2a.$$

由(2.29)式可知 $a^3+b^3 \geqslant a^2b+b^2a$ 成立,而且等号仅当 $a=b$ 时成立.这就证明了所需证明的不等式,等号仅当 $a=b$ 时成立.　□

例 2.12　证明:对于任意正数 x,y,有

$$\sqrt{x^2+y^2} > \sqrt[3]{x^3+y^3}. \tag{2.30}$$

证明　不等式(2.30)等价于

$$\sqrt{1+\left(\frac{y}{x}\right)^2} > \sqrt[3]{1+\left(\frac{y}{x}\right)^3}.$$

不妨设 $0<x \leqslant y, z=\dfrac{x}{y}$,于是(2.30)式也等价于

$$1+z^2 > (1+z^3)^{\frac{2}{3}}, z \geqslant 1.$$

考虑函数

$$f(z)=1+z^2-(1+z^3)^{\frac{2}{3}}, z \geqslant 1.$$

显然 $f(z)$ 在 $[1,+\infty)$ 上连续,且 $f(1)=2-2^{\frac{2}{3}}>0$. 由于

$$f'(z)=2z-2z^2 \frac{1}{(1+z^3)^{\frac{1}{3}}}=2z\left[\frac{(1+z^3)^{\frac{1}{3}}-z}{(1+z^3)^{\frac{1}{3}}}\right]>0$$

在 $(1,+\infty)$ 上总成立,从而 $f(x)$ 在 $[1,+\infty)$ 上严格单调递增. 于是

$$f(z)=1+z^2-(1+z^3)^{\frac{2}{3}}\geqslant f(1)>0, z\in[1,+\infty),$$

即不等式(2.30)总成立. □

值得注意的是,在本例中由于函数 $f(x)$ 在区间 $[1,+\infty)$ 端点的函数值 $f(1)$ 严格大于零,从而不等式(2.30)中等号永不成立.

在例 2.8～例 2.12 中,我们通过引进第三个变量,巧妙地将两个变元的不等式转化为一元不等式,再用关于一元函数的单调性定理 2.10 进行讨论.这种转化方法值得注意.下面再用这种方法证明不等式(2.30)的推广形式:

例 2.13 证明:对于任意正数 x,y,有

$$\sqrt[n]{x^n+y^n}>\sqrt[n+1]{x^{n+1}+y^{n+1}}, n=2,3,\cdots. \qquad (2.31)$$

证明 对于每个满足条件的自然数 n,不等式(2.31)等价于

$$\sqrt[n]{1+\left(\frac{y}{x}\right)^n}>\sqrt[n+1]{1+\left(\frac{y}{x}\right)^{n+1}}.$$

不妨设 $0<x\leqslant y, z=\dfrac{y}{x}$,于是(2.31)式也等价于

$$1+z^n>(1+z^{n+1})^{\frac{n}{n+1}}, z\geqslant 1.$$

考虑函数

$$f(z)=1+z^n-(1+z^{n+1})^{\frac{n}{n+1}}, z\geqslant 1.$$

显然 $f(z)$ 在 $[1,+\infty)$ 上连续,且 $f(1)=2-2^{\frac{n}{n+1}}>0$. 由于 $z>1$ 时,总有

$$f'(z)=nz^{n-1}-nz^n\frac{1}{(1+z^{n+1})^{\frac{1}{n+1}}}$$

$$=nz^{n-1}\left[\frac{(1+z^{n+1})^{\frac{1}{n+1}}-z}{(1+z^{n+1})^{\frac{1}{n+1}}}\right]>0,$$

故 $f(z)$ 在 $[1,+\infty)$ 上严格单调递增.于是

$$f(z)=1+z^n-(1+z^{n+1})^{\frac{n}{n+1}}\geqslant f(1)>0, z\in[1,+\infty),$$

即严格不等式(2.31)成立. □

在比较 2014^{2015} 与 2015^{2014} 的大小的引导下,我们在例 2.6 中证明了 $(n+1)^n<n^{n+1}(n\geqslant 3)$,甚至更一般的不等式 $n^m<m^n(n>m\geqslant 3)$.

同样,在不等式(2.30)的启发下,我们得到了更一般的不等式(2.31).这种从特殊情况出发,通过猜测与证明得到一般结论的方法,值得我们每个从事数学学习与教学的人特别关注.

❋ 2.3.3 洛必达法则

现在我们将由柯西中值定理导出一种重要的极限计算方法——洛必达法则.

设当 $x \to a$ 时函数 $f(x)$ 与 $g(x)$ 均以 0 为极限.不难看出此时比式 $\dfrac{f(x)}{g(x)}$ 的极限情况多种多样.例如,当 $x \to 0$ 时,$f(x) = x^2$,$h(x) = x\sin\dfrac{1}{x}$ 与 $g_i(x) = x^i (i=1,2,3)$ 均以 0 为极限,但

$$\lim_{x \to 0} \frac{f(x)}{g_1(x)} = 0,\ \lim_{x \to 0} \frac{f(x)}{g_2(x)} = 1,\ \lim_{x \to 0} \frac{f(x)}{g_3(x)} = \infty,$$

而极限

$$\lim_{x \to 0} \frac{h(x)}{g_1(x)} = \lim_{x \to 0} \sin\frac{1}{x}$$

却不存在.以下我们就将这种形式的极限 $\lim\limits_{x \to a} \dfrac{f(x)}{g(x)}$ 称为 $\dfrac{0}{0}$ **型不定式**,同样不难理解 $\dfrac{\infty}{\infty}$ **型不定式**.利用柯西中值定理可以导出计算这种极限的洛必达法则.掌握这种法则既可提高学生的极限计算能力,又可增强其对导数的学习兴趣.

定理 2.11(洛必达法则) 设函数 $f(x)$,$g(x)$ 在 a(可以是无穷)的某去心邻域内可导,$g'(x) \neq 0$,且

$$\lim_{x \to a} f(x) = 0,\ \lim_{x \to a} g(x) = 0,$$

或

$$\lim_{x \to a} f(x) = \infty,\ \lim_{x \to a} g(x) = \infty.$$

则当极限 $\lim\limits_{x \to a} \dfrac{f'(x)}{g'(x)}$ 存在(可以是无穷)时,有

$$\lim_{x \to a}\frac{f(x)}{g(x)}=\lim_{x \to a}\frac{f'(x)}{g'(x)}. \tag{2.32}$$

证明 我们仅对 a 是有限实数的 $\dfrac{0}{0}$ 型不定式进行证明. 由此出发, 稍做修改或变形, 不难得到其他情况的证明[1~3]. 由条件, 不妨假设 $f(a)=g(a)=0$, 此时 $f(x)$ 与 $g(x)$ 在点 $x=a$ 处连续. 于是存在 $\delta>0$, 使函数 $f(x)$ 和 $g(x)$ 在闭区间 $[a-\delta,a]$ 与 $[a,a+\delta]$ 上均满足定理 2.8 的条件. 对于任意的 $x\in(a-\delta,a)$ 或 $x\in(a,a+\delta)$, 由柯西中值定理 2.8, 存在 x 与 a 之间的某点 ξ, 使

$$\frac{f(x)}{g(x)}=\frac{f(x)-f(a)}{g(x)-g(a)}=\frac{f'(\xi)}{g'(\xi)}.$$

再由 $x \to a$ 时 $\xi \to a$ 可知

$$\lim_{x \to a}\frac{f(x)}{g(x)}=\lim_{\xi \to a}\frac{f'(\xi)}{g'(\xi)}=\lim_{x \to a}\frac{f'(x)}{g'(x)}. \qquad \square$$

例 2.14 求下列极限:

(1) $\displaystyle\lim_{x \to \pi}\frac{1+\cos x}{\tan^2 x}$;

(2) $\displaystyle\lim_{x \to 0^+}\frac{\sqrt{x}}{1-\mathrm{e}^{\sqrt{x}}}$;

(3) $\displaystyle\lim_{x \to +\infty}\frac{\ln x}{x}$;

(4) $\displaystyle\lim_{x \to \infty}\frac{x^2}{\mathrm{e}^x}$.

解 (1) $\displaystyle\lim_{x \to \pi}\frac{1+\cos x}{\tan^2 x}\left(\frac{0}{0}\text{型}\right)=\lim_{x \to \pi}\frac{(1+\cos x)'}{(\tan^2 x)'}=\lim_{x \to \pi}\frac{-\sin x}{2\tan x \cdot \sec^2 x}$

$\displaystyle\qquad =\lim_{x \to \pi}\frac{-\cos^3 x}{2}=\frac{1}{2}$.

(2) 令 $t=\sqrt{x}$, 则

$$\lim_{x \to 0^+}\frac{\sqrt{x}}{1-\mathrm{e}^{\sqrt{x}}}=\lim_{t \to 0^+}\frac{t}{1-\mathrm{e}^t}\left(\frac{0}{0}\text{型}\right)=\lim_{t \to 0^+}\frac{(t)'}{(1-\mathrm{e}^t)'}=\lim_{t \to 0^+}\frac{1}{-\mathrm{e}^t}=-1.$$

（3）$\lim\limits_{x \to +\infty} \dfrac{\ln x}{x} \left(\dfrac{\infty}{\infty} 型\right) = \lim\limits_{x \to +\infty} \dfrac{(\ln x)'}{x'} = \lim\limits_{x \to +\infty} \dfrac{\dfrac{1}{x}}{1} = 0.$

（4）由于 $\lim\limits_{x \to +\infty} \dfrac{x^2}{e^x} \left(\dfrac{\infty}{\infty} 型\right) = \lim\limits_{x \to +\infty} \dfrac{2x}{e^x} \left(\dfrac{\infty}{\infty} 型\right) = \lim\limits_{x \to +\infty} \dfrac{2}{e^x} = 0,$

但

$$\lim\limits_{x \to -\infty} \dfrac{x^2}{e^x} \left(\dfrac{\infty}{0} 型\right) = +\infty,$$

故极限 $\lim\limits_{x \to \infty} \dfrac{x^2}{e^x}$ 不存在.

值得注意的是，对于不是 $\dfrac{0}{0}$ 或 $\dfrac{\infty}{\infty}$ 型不定式的比式 $\dfrac{f(x)}{g(x)}$，即使 $\lim\limits_{x \to a} \dfrac{f(x)}{g(x)}$，$\lim\limits_{x \to a} \dfrac{f'(x)}{g'(x)}$ 都存在，也不能使用洛必达法则（2.32）求此极限，这是由于此时定理 2.11 证明中的"不妨假设"不再具有合理性. 例如，

$$\lim\limits_{x \to 0} \dfrac{x}{x+1} \left(\dfrac{0}{1} 型\right) = 0，但 \lim\limits_{x \to 0} \dfrac{x'}{(x+1)'} = 1,$$

二者不相等的原因是前者非 $\dfrac{0}{0}$ 型或 $\dfrac{\infty}{\infty}$ 型不定式.

利用形式关系

$$0 \cdot \infty = \dfrac{\infty}{\dfrac{1}{0}} = \dfrac{\infty}{\infty} 或 0 \cdot \infty = \dfrac{0}{\dfrac{1}{\infty}} = \dfrac{0}{0},$$

$$\infty - \infty = \dfrac{1}{0} - \dfrac{1}{0} = \dfrac{0-0}{0 \cdot 0} = \dfrac{0}{0},$$

可以将 $0 \cdot \infty$ 与 $\infty - \infty$ 型不定式化归为 $\dfrac{\infty}{\infty}$ 或 $\dfrac{0}{0}$ 型不定式，再用洛必达法则（2.32）计算极限. 至于 0^0，1^∞ 与 ∞^0 型等三种不定式，利用指数换底公式 $a^b = e^{b\ln a}$，可先将其转化为 $e^{0 \cdot \infty}$ 型不定式，再用函数 e^x 的连续性计算相应极限.

例 2.15 求下列极限：

(1) $\lim\limits_{x \to 0^+} x \ln x$;

(2) $\lim\limits_{x \to 1} \left(\dfrac{1}{x-1} - \dfrac{1}{x^2-1} \right)$;

(3) $\lim\limits_{x \to 0} (\cos x)^{\frac{1}{x}}$;

(4) $\lim\limits_{x \to 0^+} x^{\tan x}$.

解 (1) $\lim\limits_{x \to 0^+} x \ln x \, (0 \cdot \infty \text{型}) = \lim\limits_{x \to 0^+} \dfrac{\ln x}{\dfrac{1}{x}} \left(\dfrac{\infty}{\infty} \text{型} \right)$

$$= \lim_{x \to 0^+} \dfrac{\dfrac{1}{x}}{-\dfrac{1}{x^2}} = -\lim_{x \to 0^+} x = 0.$$

(2) $\lim\limits_{x \to 1} \left(\dfrac{1}{x-1} - \dfrac{1}{x^2-1} \right) (\infty - \infty \text{型}) = \lim\limits_{x \to 1} \dfrac{x^2-x}{x^3-x^2-x+1} \left(\dfrac{0}{0} \text{型} \right)$

$$= \lim_{x \to 1} \dfrac{2x-1}{3x^2-2x-1} = \dfrac{1}{0} = \infty.$$

(3) 由

$$(\cos x)^{\frac{1}{x}} = \mathrm{e}^{\frac{\ln\cos x}{x}},$$

$$\lim_{x \to 0} \dfrac{\ln\cos x}{x} \left(\dfrac{0}{0} \text{型} \right) = \lim_{x \to 0} \dfrac{\dfrac{-\sin x}{\cos x}}{1} = 0,$$

与函数 e^x 的连续性可知

$$\lim_{x \to 0} (\cos x)^{\frac{1}{x}} = \lim_{x \to 0} \mathrm{e}^{\frac{\ln\cos x}{x}} = \mathrm{e}^0 = 1.$$

(4) 由

$$x^{\tan x} = \mathrm{e}^{\tan x \ln x} = \mathrm{e}^{\frac{\ln x}{\cot x}},$$

$$\lim_{x \to 0^+} \dfrac{\ln x}{\cot x} \left(\dfrac{\infty}{\infty} \text{型} \right) = \lim_{x \to 0^+} \dfrac{\dfrac{1}{x}}{-\csc^2 x} = -\lim_{x \to 0^+} \dfrac{\sin^2 x}{x} = 0,$$

可知

$$\lim_{x \to 0^+} x^{\tan x} = \lim_{x \to 0^+} \mathrm{e}^{\frac{\ln x}{\cot x}} = \mathrm{e}^0 = 1.$$

注意数列不能求导,部分数列的不定式极限需要转化为函数极限,再用洛必达法则进行计算.

例 2.16 求下列极限:

(1) $\lim\limits_{n\to\infty}\dfrac{n^2}{e^n}$;

(2) $\lim\limits_{n\to\infty}\left(1+\dfrac{1}{n}+\dfrac{1}{n^2}\right)^n$.

解 (1) $\lim\limits_{n\to\infty}\dfrac{n^2}{e^n}=\lim\limits_{x\to+\infty}\dfrac{x^2}{e^x}\left(\dfrac{\infty}{\infty}型\right)=\lim\limits_{x\to+\infty}\dfrac{2x}{e^x}=\lim\limits_{x\to+\infty}\dfrac{2}{e^x}=0.$

(2) 注意

$$\lim_{n\to\infty}\left(1+\frac{1}{n}+\frac{1}{n^2}\right)^n=\lim_{x\to+\infty}\left(1+\frac{1}{x}+\frac{1}{x^2}\right)^x(1^\infty 型).$$

而

$$\left(1+\frac{1}{x}+\frac{1}{x^2}\right)^x=e^{\frac{\ln\left(1+\frac{1}{x}+\frac{1}{x^2}\right)}{\frac{1}{x}}}=e^{\frac{\ln(1+y+y^2)}{y}},$$

其中 $y=\dfrac{1}{x}\to 0^+(x\to+\infty)$. 再由

$$\lim_{y\to 0^+}\frac{\ln(1+y+y^2)}{y}\left(\frac{0}{0}型\right)=\lim_{y\to 0^+}\frac{1+2y}{1+y+y^2}=1,$$

利用函数 e^z 的连续性即得

$$\lim_{n\to\infty}\left(1+\frac{1}{n}+\frac{1}{n^2}\right)^n=e.$$

❋ 2.3.4 用导数或偏导数法证明恒等式

由定理 2.7 可知,一个连续函数 $f(x)$ 在闭区间 $[a,b]$ 上恒为常数的充要条件是其导数在 (a,b) 内恒为 0;在开区间 (a,b) 内恒为常数的充要条件只是导数恒为 0,连续可省略. 于是在相关的连续与可导条件下,一个公式或等式 $f(x)=g(x)$ 的证明就转化为验证:

(1) 恒等式 $f'(x)\equiv g'(x)$ 或 $[f(x)-g(x)]'\equiv 0$ 成立;

(2) 存在一点 x_0 使 $f(x_0)\equiv g(x_0)$.

证明恒等式的这种方法简称为**导数法**. 在与三角函数和反三角函数有关的公式或等式证明中, 导数法占据特别重要的地位, 有些问题用导数法解决比用通常的初等运算法简单得多.

例 2.17 证明下列等式:

(1) $1+\tan^2 x=\sec^2 x$;

(2) 在已知倍角公式 $\sin 2x=2\sin x\cos x$ 的前提下, 证明另一倍角公式 $\cos 2x=\cos^2 x-\sin^2 x, x\in\mathbf{R}$;

(3) $\arcsin x+\arccos x=\dfrac{\pi}{2}, x\in[-1,1]$;

(4) $\arctan x+\operatorname{arccot} x=\dfrac{\pi}{2}, x\in\mathbf{R}$;

(5) $\arctan x=\arcsin\dfrac{x}{\sqrt{1+x^2}}, x\in\mathbf{R}$.

证明 (1) 当 $x=k\pi+\dfrac{\pi}{2}$ 时, $1+\tan^2 x=\sec^2 x=+\infty$. 设

$$f(x)=1+\tan^2 x-\sec^2 x, x\neq k\pi+\frac{\pi}{2}.$$

首先注意 $f(x)$ 在每个开区间 $\left(k\pi-\dfrac{\pi}{2}, k\pi+\dfrac{\pi}{2}\right)$ 内可导, 且

$$\begin{aligned}
f'(x)&=(1+\tan^2 x)'-(\sec^2 x)'\\
&=2\tan x\cdot\sec^2 x-2\sec x\cdot\sec x\tan x\equiv 0.
\end{aligned}$$

再由

$$f(k\pi)=1+0-1=0$$

可知, 在每个开区间 $\left(k\pi-\dfrac{\pi}{2}, k\pi+\dfrac{\pi}{2}\right)$ 内 $f(x)\equiv 0$. 这就证明了所要求证的等式恒成立.

(2) 设

$$f(x)=\cos 2x-(\cos^2 x-\sin^2 x), x\in\mathbf{R}.$$

首先注意 $f(0)=1-1=0$. 再由已知的倍角公式 $\sin 2x=2\sin x\cos x$ 可知

$$f'(x) = (\cos 2x)' - (\cos^2 x - \sin^2 x)'$$

$$= -2\sin 2x - (-2\cos x \sin x - 2\cos x \sin x)$$

$$= -2(\sin 2x - 2\cos x \sin x) \equiv 0,$$

即 $f(x) \equiv 0$, 从而恒等式 $\cos 2x = \cos^2 x - \sin^2 x, x \in \mathbf{R}$ 成立.

（3）设

$$f(x) = \arcsin x + \arccos x, x \in [-1, 1].$$

首先注意 $f(x)$ 在 $[-1, 1]$ 上连续, 且

$$f\left(\frac{\sqrt{2}}{2}\right) = \frac{\pi}{4} + \frac{\pi}{4} = \frac{\pi}{2}.$$

再由

$$f'(x) = (\arcsin x)' + (\arccos x)'$$

$$= \frac{1}{\sqrt{1-x^2}} + \frac{-1}{\sqrt{1-x^2}} \equiv 0, x \in (-1, 1),$$

可知 $f(x)$ 在区间 $[-1, 1]$ 上恒为常数 $\frac{\pi}{2}$.

（4）设

$$f(x) = \arctan x + \mathrm{arccot} x, x \in \mathbf{R}.$$

首先注意

$$f(1) = \frac{\pi}{4} + \frac{\pi}{4} = \frac{\pi}{2}.$$

再由

$$f'(x) = (\arctan x)' + (\mathrm{arccot} x)' = \frac{1}{1+x^2} + \frac{-1}{1+x^2} \equiv 0, x \in \mathbf{R},$$

可知 $f(x)$ 在 $\mathbf{R}$ 上恒为常数 $\frac{\pi}{2}$.

（5）显然当 $x = 0$ 时, 等式 $\arctan x = \arcsin \dfrac{x}{\sqrt{1+x^2}}$ 成立. 再由

$$\left(\arcsin \frac{x}{\sqrt{1+x^2}}\right)' = \frac{1}{\sqrt{1 - \dfrac{x^2}{1+x^2}}} \cdot \frac{1}{(1+x^2)^{\frac{3}{2}}}$$

$$= \frac{1}{1+x^2} = (\arctan x)', x \in \mathbf{R}$$

恒成立可知,等式 $\arctan x = \arcsin \dfrac{x}{\sqrt{1+x^2}}$ 在 $\mathbf{R}$ 上总成立. □

在例 2.17 中,我们用导数相等或导数恒为零证明了几个一元恒等式.对于含两个以上变元的恒等式,需要借助于多元函数的偏导数及相应命题进行证明.

定义 2.3 对于二元函数 $z = f(x,y)$,$(x,y) \in D$,设 (x_0, y_0) 是区域 D 的内点.当 y 恒取常数 y_0 时,若以 x 为自变量的一元函数 $z = f(x, y_0)$ 在 x_0 点可导,则称二元函数 $f(x,y)$ 在点 (x_0, y_0) **对 x 可偏导**,称 $[f(x, y_0)]'_x |_{x=x_0}$ 是 $f(x,y)$ 在该点**对 x 的偏导数**,记为

$$\frac{\partial z}{\partial x}\bigg|_{(x_0, y_0)} \text{ 或 } f'_x(x_0, y_0) = [f(x, y_0)]'_x |_{x=x_0}. \tag{2.33}$$

同理,可以定义 $f(x,y)$ 在点 (x_0, y_0) **对 y 可偏导与对 y 的偏导数**

$$\frac{\partial z}{\partial y}\bigg|_{(x_0, y_0)} \text{ 或 } f'_y(x_0, y_0) = [f(x_0, y)]'_y |_{y=y_0}. \tag{2.34}$$

当 $f(x,y)$ 在区域 D 内每一点的两个偏导数都存在时,称其**在 D 内可偏导**,称

$$\frac{\partial z}{\partial x} = f'_x(x, y), \frac{\partial z}{\partial y} = f'_y(x, y), (x, y) \in D$$

分别是两个**偏导(函)数**.

对于二元函数,不难证明与定理 2.7 类似的结论同样成立:

定理 2.12 (连续)函数 $z = f(x,y)$ 在(闭)区域 D(上)内恒为常数的充分必要条件是其偏导数在 D 内恒为 0,即

$$f'_x(x, y) = f'_y(x, y) \equiv 0, (x, y) \in \text{int} D.$$

仿照定义 2.3,可以给出三元及三元以上函数偏导数的定义,而且不难证明与定理 2.12 相应的结论对多元函数同样成立.这样我们就得到了证明多元函数恒等式的偏导数方法:

(1)验证两个函数的偏导数全相等;

(2)验证两个函数在某一点相等.

例 2.18　证明下列恒等式：

(1) 当 $xy \leqslant 0$ 或 $x^2 + y^2 \leqslant 1$ 时，

$$\arcsin x + \arcsin y = \arcsin(x\sqrt{1-y^2} + y\sqrt{1-x^2});$$

(2) 当 $x + y \geqslant 0$ 时，

$$\arccos x + \arccos y = \arccos(xy - \sqrt{1-y^2}\sqrt{1-x^2});$$

(3) 当 $xy < 1$ 时，

$$\arctan x + \arctan y = \arctan\frac{x+y}{1-xy}.$$

证明　相关函数均是初等函数，故在其定义域内均连续，且可偏导．于是只要验证等式两端在某一点相等，且偏导数恒相等即可．等价地，只要验证两端之差在某一点为 0，且偏导数恒为 0 即可．

(1) 当 $x = y = 0$ 时，等式显然成立．由于

$$\left[\arcsin(x\sqrt{1-y^2} + y\sqrt{1-x^2})\right]'_x$$

$$= \frac{\sqrt{1-y^2} - \dfrac{xy}{\sqrt{1-x^2}}}{\sqrt{1 - \left[x^2(1-y^2) + y^2(1-x^2) + 2xy\sqrt{1-x^2}\sqrt{1-y^2}\right]}}$$

$$= \frac{1}{\sqrt{1-x^2}} \cdot \frac{\sqrt{(1-x^2)(1-y^2)} - xy}{\sqrt{1 - \left[x^2(1-y^2) + y^2(1-x^2) + 2xy\sqrt{1-x^2}\sqrt{1-y^2}\right]}},$$

由条件 $xy \leqslant 0$ 或 $x^2 + y^2 \leqslant 1$ 可知最后一个分式的分子非负，再通过平方不难验证这个分式的分子与分母相等，从而

$$\left[\arcsin(x\sqrt{1-y^2} + y\sqrt{1-x^2})\right]'_x = \frac{1}{\sqrt{1-x^2}} = (\arcsin x + \arcsin y)'_x.$$

由对称性同理可得

$$\left[\arcsin(x\sqrt{1-y^2} + y\sqrt{1-x^2})\right]'_y = \frac{1}{\sqrt{1-y^2}} = (\arcsin x + \arcsin y)'_y.$$

从而在限定区域上等式恒成立．

(2) 当 $x = y = 0$ 时，等式显然成立．同(1)一样，不难验证

$$\left[\arccos(xy - \sqrt{1-y^2}\sqrt{1-x^2})\right]'_x = \frac{-1}{\sqrt{1-x^2}} = (\arccos x + \arccos y)'_x$$

与

$$\left[\arccos(xy - \sqrt{1-y^2}\sqrt{1-x^2})\right]_y' = \frac{-1}{\sqrt{1-y^2}} = (\arccos x + \arccos y)_y'.$$

从而等式在所给区域上恒成立.

（3）当 $x = y = 0$ 时，等式显然成立. 由于

$$\left(\arctan\frac{x+y}{1-xy}\right)_x' = \frac{1}{1+\frac{(x+y)^2}{(1-xy)^2}} \cdot \frac{(1-xy)+y(x+y)}{(1-xy)^2}$$

$$= \frac{1+y^2}{1+x^2+y^2+x^2y^2} = \frac{1}{1+x^2} = (\arctan x + \arctan y)_x',$$

同理

$$\left(\arctan\frac{x+y}{1-xy}\right)_y' = \frac{1}{1+y^2} = (\arctan x + \arctan y)_y',$$

从而在限定区域内等式恒成立. □

下面是一个先证明函数等式，再通过让自变量取定值而证明恒等式的例子.

例 2.19 求证：

$$n\mathrm{C}_n^0(n-1)^{n-1} + (n-1)\mathrm{C}_n^1(n-1)^{n-2} + (n-2)\mathrm{C}_n^2(n-1)^{n-3} + \cdots + \mathrm{C}_n^{n-1} = n^n.$$

证明 由二项式定理，有

$$[(n-1)x+1]^n = \mathrm{C}_n^0[(n-1)x]^n + \mathrm{C}_n^1[(n-1)x]^{n-1} +$$
$$\mathrm{C}_n^2[(n-1)x]^{n-2} + \cdots + \mathrm{C}_n^{n-1}[(n-1)x] + \mathrm{C}_n^n.$$

两端对变量 x 求导，得

$$n(n-1)[(n-1)x+1]^{n-1}$$
$$= n(n-1)\mathrm{C}_n^0[(n-1)x]^{n-1} + (n-1)^2\mathrm{C}_n^1[(n-1)x]^{n-2} +$$
$$(n-1)(n-2)\mathrm{C}_n^2[(n-1)x]^{n-3} + \cdots + (n-1)\mathrm{C}_n^{n-1}.$$

令 $x = 1$，得

$$n(n-1)n^{n-1} = n(n-1)\mathrm{C}_n^0(n-1)^{n-1} + (n-1)^2\mathrm{C}_n^1(n-1)^{n-2} +$$
$$(n-2)(n-1)\mathrm{C}_n^2(n-1)^{n-3} + \cdots + (n-1)\mathrm{C}_n^{n-1}.$$

等式两边同除以 $(n-1)$，得

$$n^n = nC_n^0(n-1)^{n-1} + (n-1)C_n^1(n-1)^{n-2} + (n-2)C_n^2(n-1)^{n-3} + \cdots + C_n^{n-1}.$$

等式得证.　□

§2.4　一元函数的极值与最值

函数的最大、最小值(统称最值)的概念与重要性众所周知,而最值往往又与极值密切相关.

定义 2.4　设 $f(x)$ 在区间 I 上有定义,x_0 是 I 的一个内点.若存在 x_0 的邻域 $U(x_0) \subset I$,使对任何的 $x \in U(x_0)$ 有 $f(x) \leqslant f(x_0)$(或 $f(x) \geqslant f(x_0)$),则称 $f(x)$ 在 x_0 点取到**极大(小)值**,称 x_0 是 $f(x)$ 的**极大(小)值点**.极大值与极小值统称为**极值**.

如图 2.4,点 x_i 是函数的极值点.极值点位于区间内部,最值点可能在区间内部也可能是边界点;极大(小)值可有许多,最大(小)值至多只有一个;一个极小值可能大于某个极大值,但最小值一定不超过最大值;最大(小)值点可能与某个极大(小)值点重合,也可能是边界点,这就是最值与极值的关系.

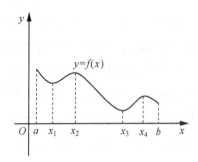

图 2.4

最值问题是数学及其他许多学科中最有意义的问题之一. 由于最值与极值关系密切,让我们先从极值开始讨论.

初等数学中的函数通常比较简单,下面我们默认所考虑的函数具有充分的连续性与可导性.

定理 2.13(极值的必要条件)　可导函数 $f(x)$ 在 x_0 点取到极值的必要条件是 x_0 为 $f(x)$ 的**驻点**,即 $f'(x_0)=0$.

证明　不妨设 x_0 是 $f(x)$ 的极大值点.由定义知存在 $\delta>0$,使在邻域 $(x_0-\delta,x_0+\delta)$ 内恒有 $f(x)\leqslant f(x_0)$.于是由函数 $f(x)$ 在 x_0 点的导数与函数在该点的左、右导数相等可知

$$f'(x_0)=f'_+(x_0)=\lim_{x\to x_0^+}\frac{f(x)-f(x_0)}{x-x_0}\leqslant 0$$

与

$$f'(x_0)=f'_-(x_0)=\lim_{x\to x_0^-}\frac{f(x)-f(x_0)}{x-x_0}\geqslant 0$$

同时成立,从而 $f'(x_0)=0$.　□

值得注意的是,在函数可导时,函数的驻点囊括了函数所有的极值点,但函数的驻点未必就是极值点.例如,对于函数 $f(x)=x^3$ 来说,点 0 是驻点但不是极值点.

定理 2.14(极值的充分条件)　设 x_0 是二阶可导函数 $y=f(x)$ 的驻点,则

(1) 当 $f''(x_0)<0$ 时,x_0 是 $y=f(x)$ 的极大值点;

(2) 当 $f''(x_0)>0$ 时,x_0 是 $y=f(x)$ 的极小值点.

证明　详细的证明过程可以参看任何一本《数学分析》教科书[1~3],这里我们在附加了二阶导数连续性的条件下验证结论.这时由 $f''(x)$ 的连续性与二阶泰勒公式(2.26)可知,存在 x_0 的邻域 $U(x_0,\delta)$ 使 $f''(x_0)$ 在其内不变号,且对任一点 $x\in U(x_0,\delta)$,$x\neq x_0$,存在 x 与 x_0 之间的一点 ξ,使

$$f(x)=f(x_0)+0\cdot(x-x_0)+\frac{f''(\xi)}{2}(x-x_0)^2.$$

于是

$$f(x)-f(x_0)=\frac{f''(\xi)}{2}(x-x_0)^2 \begin{cases} \geq 0, & f''(x_0)>0, \\ \leq 0, & f''(x_0)<0. \end{cases}$$

即定理结论成立. $\square$

例 2.20 求函数 $f(x)=x^2+\dfrac{432}{x}$ 的极值点与极值.

解 函数的定义域是 $x\neq 0$. 在定义域内,

$$f'(x)=2x-\frac{432}{x^2}=\frac{2x^3-432}{x^2}=0$$

的解,即函数 $f(x)$ 的驻点为 $x_0=6$. 再由

$$f''(x)=\left(2+\frac{864}{x^3}\right)_{x=6}=6>0$$

与定理 2.14 可知 $x_0=6$ 是函数的极小值点,极小值为 $f(6)=108$.

对于连续函数,由最值与极值的关系可知,只要求出所有的极值与边界点的函数值,通过比较即得最值与最值点;对于可导函数,由极值的必要条件可知,只需比较所有驻点与边界点的函数值即可得到最值与最值点. 对于实际应用问题来说,如果通过问题的实际意义与其他领域的知识等能够断定最值问题的解在定义域内存在而且唯一,那么目标函数的唯一驻点往往就是我们要找的最值点.

例 2.21 求函数 $f(x)=2x^3-6x^2-18x+7$ 在区间 $[-4,4]$ 上的最大、最小值.

解 令

$$f'(x)=6x^2-12x-18=0,$$

得驻点 $-1,3\in[-4,4]$. 比较

$$f(-4)=-145, f(-1)=17, f(3)=-47, f(4)=-33,$$

函数在左边界点 $x=-4$ 取得最小值 $f(x)_{\min}=-145$,在驻点 $x=-1$ 取得最大值 $f(x)_{\max}=17$.

例 2.22 一定时间内一艘轮船在航行中所消耗的燃料费和它的速度的立方成正比. 已知当轮船的速度为 10km/h 时,每小时燃料费为 6 元,其他与速度无关的费用为 96 元. 问轮船的速度为多少时,每

航行 1km 所消耗的费用最小?

解 设船速为 $x$km/h. 由题意知每航行 1km 的耗费为

$$f(x) = \frac{\alpha x^3 + 96}{x}, x > 0,$$

其中 $\alpha > 0$ 是比例系数. 已知当 $x = 10$ 时, $\alpha \cdot 10^3 = 6$, 故得 $\alpha = 0.006$. 于是

$$f(x) = \frac{0.006x^3 + 96}{x}, x > 0.$$

由

$$f'(x) = \frac{0.012}{x^2}(x^3 - 8000) = 0$$

求得唯一驻点 $x = 20$. 由问题的实际意义可知此问题存在唯一有限解, 故当轮船的速度为 20km/h 时, 每航行 1km 所消耗的费用取到最小值, 最小值为

$$f(20) = 0.006 \cdot 20^2 + \frac{96}{20} = 7.2(元).$$

事实上, 由

$$f''(6) = \left(0.012 + \frac{192}{x^3}\right)_{x=20} > 0$$

与定理 2.14 可知 $x = 20$ 就是函数的唯一极小值点, 从而也是最小值点.

本节我们只讨论了一个变元的极值与最值问题. 作为平均值不等式的应用, 我们将在 2.5.3 与 2.5.5 中讨论多个变元的最值问题[15].

§2.5 函数的凸性与平均值不等式

本节介绍函数凸性在平均值不等式方面的应用,同时给出如何在初等数学中应用这类不等式的一些例子.

✳ 2.5.1 函数的凹凸性

函数的凹凸性从直观上来说是一种几何性质,代数上表现为某种不等式,分析上常用函数的一阶或二阶导数来刻画.

定义 2.5 设 $y = f(x)$ 是定义在区间 I 上的函数. 对于任意的 $x_1, x_2 \in I$ 和系数 $0 \leq \lambda, \mu \leq 1, \lambda + \mu = 1$,若

$$f(\lambda x_1 + \mu x_2) \leq \lambda f(x_1) + \mu f(x_2), \qquad (2.35)$$

则称 $f(x)$ 是 I 上的**凸函数**;反之,若

$$f(\lambda x_1 + \mu x_2) \geq \lambda f(x_1) + \mu f(x_2), \qquad (2.36)$$

则称 $f(x)$ 是 I 上的**凹函数**.

用归纳法不难看出,$f(x)$ 为凸函数的条件也可写成:对于任意的自然数 n,n 元数组 $x_1, x_2, \cdots, x_n \in I$,及凸系数组

$$0 \leq \lambda_1, \lambda_2, \cdots, \lambda_n \leq 1, \sum_{i=1}^{n} \lambda_i = 1,$$

有不等式

$$f\left(\sum_{i=1}^{n} \lambda_i x_i\right) \leq \sum_{i=1}^{n} \lambda_i f(x_i). \qquad (2.37)$$

对称地,$f(x)$ 为凹函数等价于

$$f\left(\sum_{i=1}^{n} \lambda_i x_i\right) \geq \sum_{i=1}^{n} \lambda_i f(x_i). \qquad (2.38)$$

如图 2.5(a),由(2.35)式可以看出凸函数的几何特征是:在曲线

上任意两点之间,曲线在割线下方,即曲线向下弯曲. 对于可导函数来说,凸性等价于曲线的切线斜率,或者函数的导数 $f'(x)$ 在 I 上单调递增;对于二阶可导函数来说,这也等价于 $f''(x) \geqslant 0$. 当 $x_1 \neq x_2$,$\lambda, \mu > 0$ 时,不等式(2.35)中严格不等关系成立的函数称为**严格凸函数**. 显然 $f'(x)$ 严格单调递增或 $f''(x) > 0$ 恒成立是 $f(x)$ 为严格凸函数的充分条件. 对于严格凸函数来说,当 $0 < \lambda, \mu < 1$ 时,(2.35)式中等号成立的条件是 $x_1 = x_2$. 同理,对 $0 < \lambda_i < 1$,(2.37)式中等号成立的条件是 $x_1 = x_2 = \cdots = x_n$. 对称地,如图 2.5(b),凹函数的几何特征是:在曲线上任意两点之间,曲线在割线上方,即曲线向上弯曲. 一阶导数 $f'(x)$ 单调递减或者二阶导数 $f''(x) \leqslant 0$ 是 $f(x)$ 为凹函数的充分条件. 同样有**严格凹函数**的概念与相应结论.

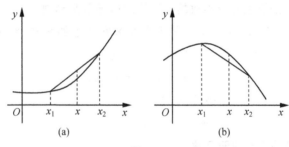

图 2.5

下面是两个应用函数凸性不等式解方程组的例子.

例 2.23 在正数范围内解方程组
$$\begin{cases} x^2 + y^2 + z^2 + w^2 = 9, \\ x + y + z + w = \sqrt[3]{16(x^3 + y^3 + z^3 + w^3)}. \end{cases}$$

解 对于函数 $f(u) = u^3$,$u > 0$,由 $f''(u) = 6u > 0$ 可知 $f(x)$ 是 $(0, +\infty)$ 上的严格凸函数. 故对任意的 $x, y, z, w \in (0, +\infty)$,有
$$\left(\frac{x+y+z+w}{4} \right)^3 \leqslant \frac{x^3 + y^3 + z^3 + w^3}{4},$$

即
$$x + y + z + w \leqslant \sqrt[3]{16(x^3 + y^3 + z^3 + w^3)}.$$

由 $f(x)$ 的严格凸性可知等式

$$x+y+z+w=\sqrt[3]{16(x^3+y^3+z^3+w^3)}$$

成立的条件是 $x=y=z=w$. 再由 $x^2+y^2+z^2+w^2=9$ 可知, 方程组的正数解为 $x=y=z=w=\dfrac{3}{2}$.

例 2.24 设 $n\geqslant 2$, 在正数范围内解方程组

$$\begin{cases} x+y=6, \\ \dfrac{x^n+y^n}{2}=\left(\dfrac{x+y}{2}\right)^n. \end{cases}$$

解 同上例一样, 由 $f(u)=u^n$ 是 $(0,+\infty)$ 上的严格凸函数可知

$$\left(\dfrac{x+y}{2}\right)^n\leqslant\dfrac{x^n+y^n}{2},$$

等式

$$\left(\dfrac{x+y}{2}\right)^n=\dfrac{x^n+y^n}{2}$$

成立的条件是 $x=y$. 再由 $x+y=6$ 可知方程组的正数解为 $x=y=3$.

✳ 2.5.2 用函数的凸性证明平均值不等式

不等式理论是分析数学的重要工具, 而函数凸性是不等式理论的基石之一. 让我们先从有穷正数列的几种平均值谈起.

对于有穷正数列 $x_1, x_2, \cdots, x_n$, 称

$$\frac{1}{n}\sum_{i=1}^{n}x_i,\quad \left(\prod_{i=1}^{n}x_i\right)^{\frac{1}{n}},\quad \frac{n}{\displaystyle\sum_{i=1}^{n}\frac{1}{x_i}}$$

分别是该数列的**代数平均**、**几何平均**与**调和平均**. 称满足

$$0<\lambda_1,\lambda_2,\cdots,\lambda_n<1,\quad \sum_{i=1}^{n}\lambda_i=1$$

的凸系数组 $\lambda_1, \lambda_2, \cdots, \lambda_n$ 是一个**权数列**, 称

$$\sum_{i=1}^{n} \lambda_i x_i, \prod_{i=1}^{n} x_i^{\lambda_i}, \frac{1}{\sum_{i=1}^{n} \lambda_i \frac{1}{x_i}}$$

分别是数列 $x_1, x_2, \cdots, x_n$ 对该权数列的**加权代数平均**、**几何平均**与**调和平均**.

例 2.25 用函数的凹凸性证明加权平均值不等式

$$\frac{1}{\sum_{i=1}^{n} \lambda_i \frac{1}{x_i}} \leqslant \prod_{i=1}^{n} x_i^{\lambda_i} \leqslant \sum_{i=1}^{n} \lambda_i x_i, \tag{2.39}$$

其中等号成立的条件是 $x_1 = x_2 = \cdots = x_n$.

证明 考虑函数 $f(x) = -\ln x, x \in (0, +\infty)$. 由

$$f'(x) = -\frac{1}{x}, f''(x) = \frac{1}{x^2} > 0, x \in (0, +\infty)$$

知 $f(x)$ 是 $(0, +\infty)$ 上的严格凸函数. 从而对于任意的正数 $x_1, x_2, \cdots, x_n$ 与权数列, 即凸系数组 $0 < \lambda_1, \lambda_2, \cdots, \lambda_n < 1$, 有

$$-\ln\left(\sum_{i=1}^{n} \lambda_i x_i\right) \leqslant \sum_{i=1}^{n} \lambda_i (-\ln x_i),$$

即

$$\ln\left(\prod_{i=1}^{n} x_i^{\lambda_i}\right) \leqslant \ln\left(\sum_{i=1}^{n} \lambda_i x_i\right). \tag{2.40}$$

由函数 $y = \ln x$ 的单调性可知

$$\prod_{i=1}^{n} x_i^{\lambda_i} \leqslant \sum_{i=1}^{n} \lambda_i x_i,$$

即 (2.39) 式的后半部分成立. 在不等式 (2.40) 中用 $\frac{1}{x_i}$ 取代 x_i 得

$$-\sum_{i=1}^{n} \lambda_i \ln x_i = \sum_{i=1}^{n} \lambda_i \ln \frac{1}{x_i} \leqslant \ln\left(\sum_{i=1}^{n} \lambda_i \frac{1}{x_i}\right),$$

即

$$\ln\left(\sum_{i=1}^{n} \lambda_i \frac{1}{x_i}\right)^{-1} \leqslant \sum_{i=1}^{n} \lambda_i \ln x_i = \ln\left(\prod_{i=1}^{n} x_i^{\lambda_i}\right),$$

从而

$$\left(\sum_{i=1}^{n} \lambda_i \frac{1}{x_i} \right)^{-1} \leqslant \prod_{i=1}^{n} x_i^{\lambda_i},$$

即 (2.39) 式的前半部分同样成立. 再由 $f(x) = -\ln x$ 在 $(0, +\infty)$ 上的严格凸性可知, 不等式 (2.40) 或 (2.39) 中等号成立的条件是 $x_1 = x_2 = \cdots = x_n$. $\square$

当权数列取 $\lambda_1 = \lambda_2 = \cdots = \lambda_n = \dfrac{1}{n}$ 时, (2.39) 式就表现为通常的平均值不等式

$$\frac{n}{\displaystyle\sum_{i=1}^{n} \frac{1}{x_i}} \leqslant \left(\prod_{i=1}^{n} x_i \right)^{\frac{1}{n}} \leqslant \frac{1}{n} \sum_{i=1}^{n} x_i. \tag{2.41}$$

对于无穷正数列 $x_n > 0$ 与权数列 $\lambda_n > 0, \displaystyle\sum_{n=1}^{\infty} \lambda_n = 1$, 通过对不等式 (2.39) 的极限过程与级数概念不难证明无穷不等式

$$\frac{1}{\displaystyle\sum_{n=1}^{\infty} \lambda_n \frac{1}{x_n}} \leqslant \prod_{n=1}^{\infty} x_n^{\lambda_n} \leqslant \sum_{n=1}^{\infty} \lambda_n x_n \tag{2.42}$$

同样成立[18]. 不等式 (2.39)、(2.41) 与 (2.42) 统称为**平均值不等式**. 虽然平均值不等式可用多种初等方法进行证明, 但均较繁[14]. 如上所示, 采用函数凸性可以大大化简证明过程.

下面给出几个在初等数学问题中如何使用平均值不等式的例子.

例 2.26 对于任意 n 个正数 $a_1, a_2, \cdots, a_n > 0$, 恒有

$$(a_1 + a_2 + \cdots + a_n) \left(\frac{1}{a_1} + \frac{1}{a_2} + \cdots + \frac{1}{a_n} \right) \geqslant n^2,$$

等号仅当 $a_1 = a_2 = \cdots = a_n$ 时成立.

证明 由平均值不等式 (2.41) 有

$$\frac{n}{\dfrac{1}{a_1} + \dfrac{1}{a_2} + \cdots + \dfrac{1}{a_n}} \leqslant \frac{a_1 + a_2 + \cdots + a_n}{n},$$

从而

$$\left(a_1+a_2+\cdots+a_n\right)\left(\frac{1}{a_1}+\frac{1}{a_2}+\cdots+\frac{1}{a_n}\right)\geqslant n^2,$$

等号仅当 $a_1=a_2=\cdots=a_n$ 时成立. $\square$

例 2.27 设 a,b,c,d 都是正数,试证:

$$\frac{1}{a+b+c}+\frac{1}{b+c+d}+\frac{1}{c+d+a}+\frac{1}{d+a+b}\geqslant\frac{16}{3(a+b+c+d)}.$$

证明 令

$$a_1=a+b+c, \quad a_2=b+c+d,$$
$$a_3=c+d+a, \quad a_4=d+a+b.$$

由例 2.26 有

$$\left(a_1+a_2+a_3+a_4\right)\left(\frac{1}{a_1}+\frac{1}{a_2}+\frac{1}{a_3}+\frac{1}{a_4}\right)\geqslant16.$$

注意到

$$a_1+a_2+a_3+a_4=3(a+b+c+d),$$

代入上面的不等式即得

$$3(a+b+c+d)\left(\frac{1}{a_1}+\frac{1}{a_2}+\frac{1}{a_3}+\frac{1}{a_4}\right)\geqslant16,$$

这就是所要证明的不等式.由证明过程可知等号仅当 $a=b=c=d$ 时成立. $\square$

例 2.28 设 a,b 是两个不相等的正数,试证:

$$ab^n<\left(\frac{a+nb}{n+1}\right)^{n+1}.$$

证明 由于 nb 是 n 个 b 的和, b^n 是 n 个 b 的积,故通过变形,可知这是一个平均值不等式问题.事实上,由平均值不等式可得

$$(ab^n)^{\frac{1}{n+1}}=(abb\cdots b)^{\frac{1}{n+1}}\leqslant\frac{a+b+b+\cdots+b}{n+1}=\frac{a+nb}{n+1}.$$

由 $a\neq b$ 可知等号不成立,从而

$$(ab^n)^{\frac{1}{n+1}}<\frac{a+nb}{n+1}.$$

再在两端同时 $n+1$ 次方即得所要证明的严格不等式. $\square$

例 2.29　如果 n 个正数的乘积等于 1,那么它们的和一定不小于 n.

证明　由 $a_1a_2\cdots a_n=1$ 及平均值不等式(2.41)可得

$$1=(a_1a_2\cdots a_n)^{\frac{1}{n}}\leqslant\frac{1}{n}(a_1+a_2+\cdots+a_n),$$

于是 $a_1+a_2+\cdots+a_n\geqslant n$,且仅当 $a_1=a_2=\cdots=a_n=1$ 时 $a_1+a_2+\cdots+a_n=n$ 成立.　□

✻ 2.5.3　平均值不等式在最值问题中的应用

受例 2.29 的启发,我们自然想到以下结论:

定理 2.15　如果 n 个正数的乘积等于常数 A,那么它们的和在这 n 个正数全相等时取到最小值 $nA^{\frac{1}{n}}$.

证明　设 n 个正数 $a_1,a_2,\cdots,a_n$ 的乘积等于常数 A,则

$$\frac{a_1}{A^{\frac{1}{n}}}\cdot\frac{a_2}{A^{\frac{1}{n}}}\cdot\cdots\cdot\frac{a_n}{A^{\frac{1}{n}}}=1.$$

于是由例 2.29 可知

$$\frac{a_1}{A^{\frac{1}{n}}}+\frac{a_2}{A^{\frac{1}{n}}}+\cdots+\frac{a_n}{A^{\frac{1}{n}}}\geqslant n,$$

从而

$$a_1+a_2+\cdots+a_n\geqslant nA^{\frac{1}{n}},$$

仅当这 n 个正数全相等时其和取到最小值 $nA^{\frac{1}{n}}$.　□

与定理 2.15 对称地有:

定理 2.16　如果 n 个正数的和等于常数 B,那么它们的乘积在这 n 个正数全相等时取到最大值$\frac{B^n}{n^n}$.

证明　设 n 个正数 $a_1,a_2,\cdots,a_n$ 的和等于常数 B,则由平均值不等式可知

$$\sqrt[n]{a_1\cdot a_2\cdot\cdots\cdot a_n}\leqslant\frac{a_1+a_2+\cdots+a_n}{n}=\frac{B}{n},$$

即

$$a_1 \cdot a_2 \cdot \cdots \cdot a_n \leqslant \frac{B^n}{n^n},$$

仅当这 n 个正数全相等时其乘积取到最大值 $\frac{B^n}{n^n}$. □

下面给出如何在中学数学的最值问题中应用定理 2.15 与定理 2.16 的几个例子.

例 2.30 将 16 分成四个正数之和,问怎样分才能使四个数的乘积最大?

解 设分成的四个正数分别是 a, b, c, d,则 $a+b+c+d=16$. 于是由平均值不等式(2.41)或定理 2.16 可知,当 $a=b=c=d=4$ 时,其乘积取得最大值 $abcd=4^4=256$.

例 2.31 用篱笆围成一个面积为 $100\mathrm{m}^2$ 的矩形菜园,问至少需要篱笆多少米?

解 设矩形菜园的长和宽分别是 $x\mathrm{m}$ 与 $y\mathrm{m}$,则 $xy=100$ 是常数. 现在的问题是求使得周长 $2(x+y)$ 取得最小值的正数 x, y. 由平均值不等式(2.41)或定理 2.15 可知,当 $x=y=10$ 时,$x+y$ 取到最小值 20,即要围成这样一个菜园至少需要篱笆 40m.

下面给出两个使用加权平均值不等式的例子.

例 2.32 某工厂要制造一个无盖圆柱形桶,容积是 $\frac{3\pi}{2}\mathrm{m}^3$. 用来做底的金属板材每平方米 30 元,做侧面的金属板材每平方米 20 元. 问怎样才能使造这个圆桶的成本最低?

解 设圆桶的高为 $h(\mathrm{m})$,底面半径是 r,则有 $\pi r^2 h = \frac{3\pi}{2}$,即 $r^2 h = \frac{3}{2}$ 是常数. 由题设知制造这个圆桶的总成本是

$$C=30\pi r^2+40\pi rh=30\pi\left(r^2+\frac{4}{3}rh\right).$$

将括弧里面表达成加权算术平均的形式,即

$$C = 30\pi\left[\frac{1}{3}(3r^2) + \frac{2}{3}(2rh)\right].$$

于是由加权平均值不等式(2.39)中的算术平均不小于几何平均可知

$$C \geqslant 30\pi(3r^2)^{\frac{1}{3}}(2rh)^{\frac{2}{3}} = 30\pi \cdot 3^{\frac{1}{3}} \cdot 2^{\frac{2}{3}}(r^2h)^{\frac{2}{3}}$$

$$= 30\pi \cdot 3^{\frac{1}{3}} \cdot 2^{\frac{2}{3}}\left(\frac{3}{2}\right)^{\frac{2}{3}} = 90\pi,$$

等号仅当 $3r^2 = 2rh$ 时成立. 再由 $r^2h = \frac{3}{2}$ 可知,当 $r = 1\text{m}, h = 1.5\text{m}$ 时,制造这个圆桶的成本最低,最低成本为 $90\pi \approx 283(元)$.

例 2.33 问 θ 在 $\left[0, \frac{\pi}{2}\right]$ 中取什么值时,函数 $y = \sin^2\theta\cos\theta$ 取到最大值?

解 注意到 $2y^2 = \sin^4\theta(2\cos^2\theta)$ 可以改写成加权几何平均的方幂,即

$$2y^2 = \left[(\sin^2\theta)^{\frac{2}{3}}(2\cos^2\theta)^{\frac{1}{3}}\right]^3.$$

故由加权平均值不等式(2.39)与 $\sin^2\theta + \cos^2\theta = 1$ 可知

$$2y^2 \leqslant \left(\frac{2}{3}\sin^2\theta + \frac{2}{3}\cos^2\theta\right)^3 = \left(\frac{2}{3}\right)^3 = \frac{8}{27},$$

等号仅当 $\sin^2\theta = 2\cos^2\theta$ 时成立,即当 $\theta = \arctan\sqrt{2}$ 时,y 取到最大值 $\frac{2\sqrt{3}}{9}$.

注 2.1 我们在例 2.32 中将 $\frac{C}{30\pi}$ 表达成了适当的加权算术平均,在例 2.33 中将 $2y^2$ 表达成了适当的加权几何平均,进而利用加权平均值不等式得到了问题的解答. 将有关对象表达成某种加权平均需要一定的技巧,只有通过多练才能掌握,值得特别关注.

例 2.34 设 $a, b, c > 1$,试证:

$$\log_a b + \log_b c + \log_c a \geqslant 3.$$

证明 由对数换底公式可知

$$(\log_a b)(\log_b c)(\log_c a) = \frac{\ln b}{\ln a} \cdot \frac{\ln c}{\ln b} \cdot \frac{\ln a}{\ln c} = 1.$$

故由例 2.29 可知

$$\log_a b + \log_b c + \log_c a \geqslant 3,$$

等号仅当 $a=b=c$ 时成立. □

例 2.35 如图 2.6,在半径为 R 的圆里,

(1) 求作周长最长的内接矩形;

(2) 求作面积最大的内接矩形.

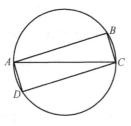

图 2.6

解 (1) 如图,设 $AB=x, BC=y, p=x+y$,则矩形的周长是 $2p$. 现在的问题是选取满足 $x^2+y^2=4R^2$ 的 $x,y>0$ 使 $p=x+y$ 最大. 由

$$p^2 = x^2 + y^2 + 2xy = 4R^2 + 2xy,$$

而 xy 取最大等价于 $x^2 y^2$ 取最大,故由定理 2.16 可知当 $x^2=y^2=2R^2$,即当矩形是边长为 $x=y=\sqrt{2}R$ 的正方形时,其周长取到最大值 $4\sqrt{2}R$.

(2) 由等式 $p^2=4R^2+2xy$ 可知,矩形的周长 $2p$ 与面积 $S=xy$ 同时取到最大,故当矩形是 $x=y=\sqrt{2}R$ 的正方形时其面积取到最大值 $2R^2$.

例 2.36 在用坐标面作三个面、一个顶点在斜平面

$$\frac{x}{a}+\frac{y}{b}+\frac{z}{c}=1 \ (a,b,c>0 \text{ 是常数})$$

上的所有长方体中,求容积最大的一个.

解 设长方体的位于斜平面上的顶点是 $P(x,y,z)$,则所求容积是

$$V=xyz.$$

由于 x,y,z 满足

$$\frac{x}{a}+\frac{y}{b}+\frac{z}{c}=1(a,b,c>0\text{ 是常数}),$$

故由定理 2.16 可知,当

$$\frac{x}{a}=\frac{y}{b}=\frac{z}{c}=\frac{1}{3}$$

时,乘积

$$\frac{x}{a}\cdot\frac{y}{b}\cdot\frac{z}{c}$$

取到最大值 $\frac{1}{3^3}$. 这就是说,当

$$x=\frac{a}{3},y=\frac{b}{3},z=\frac{c}{3}$$

时,体积 $V=xyz$ 取到最大值 $\frac{abc}{27}$.

例 2.37 在一定圆的所有外切等腰梯形中,求面积最小的一个.

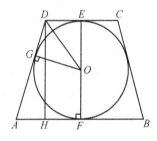

图 2.7

解 如图 2.7,设定圆的半径是 R,x,y 分别是所求梯形下、上底边长的一半,则梯形的高是 $2R$,面积 $S=2R(x+y)$. 由于四边形 $AFOG$ 相似于四边形 $OEDG$,于是 $\frac{x}{R}=\frac{R}{y}$,即 $xy=R^2$ 是常数. 另一方面,在直角三角形 AHD 中使用勾股定理可得 $(x+y)^2=4R^2+(x-y)^2$,据此同样可以得到 $xy=R^2$. 于是由定理 2.15 可知当 $x=y=R$,即等腰梯形是正方形时,其面积取到最大值,$S_{max}=4R^2$.

例 2.38 (1) 在表面积相同的所有长方体中,求容积最大的

一个.

（2）反过来，在容积相同的所有长方体中，求表面积最小的一个.

解 （1）先求解表面积为常数时的容积最大问题. 设 S 是共同的表面积，x,y,z 是所求长方体的长、宽、高，那么

$$xy + yz + zx = \frac{S}{2}（常数）.$$

注意到长方体的容积 $V = xyz$ 最大，也即 $V^2 = x^2 y^2 z^2$ 最大，故由

$$V^2 = xy \cdot yz \cdot zx$$

与 $xy + yz + zx = \frac{S}{2}$ 是常数，利用定理 2.16 可知当 $xy = yz = zx$ 时，V^2 取到最大值. 从而当 $x = y = z$，即长方体是棱长为 $\sqrt{\frac{S}{6}}$ 的正方体时，其容积取到最大值

$$V_{\max} = \left(\frac{S}{6}\right)^{\frac{3}{2}}.$$

（2）反过来，在相同容积 V 的长方体中，我们来求表面积最小的一个. 采用（1）中的记号，这时 $xyz = V$ 是常数，从而乘积 $xy \cdot yz \cdot zx = x^2 y^2 z^2 = V^2$ 是常数. 于是由定理 2.15 可知当 $xy = yz = zx$ 时，和 $xy + yz + zx$ 最小，从而当 $x = y = z$，即长方体是棱长为 $\sqrt[3]{V}$ 的正方体时，其表面积取到最小值

$$S_{\min} = 6V^{\frac{2}{3}}.$$

✿ 2.5.4 赫尔德不等式与闵可夫斯基不等式

现在我们将从 2.5.2 给出的加权平均值不等式出发导出著名的赫尔德（Hölder）不等式与闵可夫斯基（Minkowski）不等式. 这两个不等式在初等数学中有许多应用，在高等数学领域应用更加广泛.

我们称满足 $\frac{1}{p} + \frac{1}{q} = 1$ 的一对正数 $p, q > 1$ 是**一对共轭指数**. 由

于这时 $\dfrac{1}{p}$ 与 $\dfrac{1}{q}$ 构成一个权数列,故由加权平均值不等式(2.39)立即得到:

引理 2.1 设 $p,q>1$ 是一对共轭指数,则对任何正数 A,B,有

$$A^{\frac{1}{p}}B^{\frac{1}{q}}\leqslant\frac{A}{p}+\frac{B}{q},\qquad(2.43)$$

等号仅当 $A=B$ 时成立.

定理 2.17 设 $p,q>1$ 是一对共轭指数,$x_i,y_i(i=1,2,\cdots,n)$ 是两个有穷实数列,则有**赫尔德不等式**

$$\sum_{i=1}^{n}|x_iy_i|\leqslant\Big(\sum_{i=1}^{n}|x_i|^p\Big)^{\frac{1}{p}}\Big(\sum_{i=1}^{n}|y_i|^q\Big)^{\frac{1}{q}}.\qquad(2.44)$$

对于非零数列 x_i,y_i,式中等号仅当 $|x_i|^p$ 与 $|y_i|^q(i=1,2,\cdots,n)$ 对应成比例时成立.

证明 设

$$A=\Big(\sum_{i=1}^{n}|x_i|^p\Big)^{\frac{1}{p}},B=\Big(\sum_{i=1}^{n}|y_i|^q\Big)^{\frac{1}{q}},$$

当 $A=0$ 时,$x_i\equiv0(i=1,2,\cdots,n)$,这时(2.44)式自然成立.下面只需对 $A,B>0$ 的情况进行证明.记

$$X_i=\frac{|x_i|^p}{A^p},Y_i=\frac{|y_i|^q}{B^q},$$

由不等式(2.43)有

$$\frac{|x_iy_i|}{AB}\leqslant\frac{1}{p}\frac{|x_i|^p}{A^p}+\frac{1}{q}\frac{|y_i|^q}{B^q},i=1,2,\cdots,n,$$

对不等式两边求和得

$$\frac{\sum\limits_{i=1}^{n}|x_iy_i|}{AB}\leqslant\frac{1}{p}\frac{\sum\limits_{i=1}^{n}|x_i|^p}{A^p}+\frac{1}{q}\frac{\sum\limits_{i=1}^{n}|y_i|^q}{B^q}=1,$$

即

$$\sum_{i=1}^{n}|x_iy_i|\leqslant AB=\Big(\sum_{i=1}^{n}|x_i|^p\Big)^{\frac{1}{p}}\Big(\sum_{i=1}^{n}|y_i|^q\Big)^{\frac{1}{q}}.$$

等号仅当

$$\frac{|x_i|^p}{A^p} = \frac{|y_i|^q}{B^q},$$

即

$$\frac{|x_i|^p}{|y_i|^q} = \frac{A^p}{B^q}, i = 1, 2, \cdots, n$$

时成立,也即仅当 $|x_i|^p$ 与 $|y_i|^q (i=1,2,\cdots,n)$ 对应成比例时(2.44)式中等号成立. □

指数 $p=q=2$ 时的赫尔德不等式

$$\sum_{i=1}^{n} |x_i y_i| \leqslant \left(\sum_{i=1}^{n} |x_i|^2\right)^{\frac{1}{2}} \left(\sum_{i=1}^{n} |y_i|^2\right)^{\frac{1}{2}} \tag{2.45}$$

叫作柯西(Cauchy)**不等式**. 从(2.44)式出发,让 $n \to \infty$,通过极限过程不难得到级数形式的赫尔德不等式

$$\sum_{n=1}^{\infty} |x_n y_n| \leqslant \left(\sum_{n=1}^{\infty} |x_n|^p\right)^{\frac{1}{p}} \left(\sum_{n=1}^{\infty} |y_n|^q\right)^{\frac{1}{q}}. \tag{2.46}$$

从基本(或二重)赫尔德不等式(2.44)与(2.46)出发,可以得到多重赫尔德不等式.

定理 2.18 设 $p_1, p_2, \cdots, p_m > 1$ 是一组共轭指数,即 $\sum_{j=1}^{m} \frac{1}{p_j} = 1$,设 $\{x_{1i}\}, \{x_{2i}\}, \cdots, \{x_{mi}\} (i = 1, 2, \cdots, n, \cdots)$ 是 $m(m \geqslant 2)$ 列实数(列长可以是有限数 n,也可以是无穷),则有**多重赫尔德不等式**

$$\sum_{i=1} \left|\prod_{j=1}^{m} x_{ji}\right| \leqslant \prod_{j=1}^{m} \left(\sum_{i=1} |x_{ji}|^{p_j}\right)^{\frac{1}{p_j}}. \tag{2.47}$$

式中等号成立的条件是: $(|x_{ji}|^{p_j})(j = 1, 2, \cdots, m)$ 中存在某个列与其他各列分别对应成比例(比例系数可以不同).

证明 当 $m=2$ 时,结论由定理 2.17 可知. 现在我们只对 $m=3$ 的情形进行证明,证明方法对于 $m>3$ 的情况同样适用.

设 $p, q, r > 1, \frac{1}{p} + \frac{1}{q} + \frac{1}{r} = 1$,要证明

$$\sum_{i=1} |x_i y_i z_i| \leqslant \left(\sum_{i=1} |x_i|^p\right)^{\frac{1}{p}} \left(\sum_{i=1} |y_i|^q\right)^{\frac{1}{q}} \left(\sum_{i=1} |z_i|^r\right)^{\frac{1}{r}}.$$

取 $Q>1$ 使 $\dfrac{Q}{q}+\dfrac{Q}{r}=1$,则

$$\frac{1}{p}+\frac{1}{Q}=1,\ \frac{1}{\dfrac{q}{Q}}+\frac{1}{\dfrac{r}{Q}}=1,$$

即 p,Q 是一对共轭指数,$\dfrac{q}{Q},\dfrac{r}{Q}$ 是另一对共轭指数. 于是由二重赫尔德不等式(2.44)或(2.46),有

$$\sum_{i=1}|x_iy_iz_i| \leqslant \Big(\sum_{i=1}|x_i|^p\Big)^{\frac{1}{p}}\Big(\sum_{i=1}|y_iz_i|^Q\Big)^{\frac{1}{Q}}$$

$$\leqslant \Big(\sum_{i=1}|x_i|^p\Big)^{\frac{1}{p}}\Big[\Big(\sum_{i=1}|y_i|^{\frac{Q\cdot q}{Q}}\Big)^{\frac{1}{Q}}\Big(\sum_{i=1}|z_i|^{\frac{Q\cdot r}{Q}}\Big)^{\frac{r}{Q}}\Big]^{\frac{1}{Q}}$$

$$=\Big(\sum_{i=1}|x_i|^p\Big)^{\frac{1}{p}}\Big(\sum_{i=1}|y_i|^q\Big)^{\frac{1}{q}}\Big(\sum_{i=1}|z_i|^r\Big)^{\frac{1}{r}}.$$

现在讨论等号成立,即以上两个不等号取等号的条件. 首先当 $|x_i|^p$ 与 $|y_i|^q$,$|z_i|^r$ 分别对应成比例时,设

$$\frac{|x_i|^p}{|y_i|^q}=\lambda_1,\ \frac{|x_i|^p}{|z_i|^r}=\lambda_2,\ i=1,2,\cdots.$$

首先由

$$\frac{|y_i|^q}{|z_i|^r}=\frac{\lambda_2}{\lambda_1},i=1,2,\cdots$$

及定理 2.17 可知,这时上面证明中的第二个不等号可改为等号. 再将等式

$$\Big(\frac{|x_i|^p}{|y_i|^q}\Big)^{\frac{Q}{q}}=\lambda_1^{\frac{Q}{q}},\ \Big(\frac{|x_i|^p}{|z_i|^r}\Big)^{\frac{Q}{r}}=\lambda_2^{\frac{Q}{r}}$$

左右分别相乘,并注意到 $\dfrac{Q}{q}+\dfrac{Q}{r}=1$,得

$$\frac{|x_i|^p}{|y_iz_i|^Q}=\lambda_1^{\frac{Q}{q}}\lambda_2^{\frac{Q}{r}},i=1,2,\cdots,$$

即 $|x_i|^p$ 与 $|y_iz_i|^Q$ 对应成比例,从而这时以上证明中的第一个不等号也可改为等号. 这就证明了当 $|x_i|^p$ 与 $|y_i|^p$,$|z_i|^r$ 分别对应成比例时以上不等式中等号成立.

反过来,当以上不等式中两个等号都成立时,由定理 2.17 可知存在正数 Λ_1 与 Λ_2 使

$$\frac{|x_i|^p}{|y_iz_i|^Q}=\Lambda_1,\frac{|y_i|^q}{|z_i|^r}=\Lambda_2,i=1,2,\cdots.$$

于是由 $|z_i|^r=\dfrac{|y_i|^q}{\Lambda_2}$ 与

$$\Lambda_1=\frac{|x_i|^p}{|y_i|^{q\cdot\frac{Q}{q}}|z_i|^{r\cdot\frac{Q}{r}}}=\Lambda_2^{\frac{Q}{r}}\frac{|x_i|^p}{|y_i|^q}$$

即得

$$\frac{|x_i|^p}{|y_i|^q}=\Lambda_1\Lambda_2^{-\frac{Q}{r}},i=1,2,\cdots.$$

同理

$$\frac{|x_i|^p}{|z_i|^r}=\Lambda_1\Lambda_2^{\frac{Q}{q}},i=1,2,\cdots.$$

这就证明了等式成立的充分必要条件是 $|x_i|^p$ 与 $|y_i|^q$,$|z_i|^r$ 分别对应成比例. □

利用赫尔德不等式容易得到闵可夫斯基不等式:

定理 2.19 设 $p>1,x_i,y_i(i=1,2,\cdots,n)$ 是两列实数,则有**闵可夫斯基不等式**

$$\Big(\sum_{i=1}^n|x_i+y_i|^p\Big)^{\frac{1}{p}}\leqslant\Big(\sum_{i=1}^n|x_i|^p\Big)^{\frac{1}{p}}+\Big(\sum_{i=1}^n|y_i|^p\Big)^{\frac{1}{p}}. \quad (2.48)$$

当数列 $\{x_i\}$,$\{y_i\}$ 对应成非负比例时等号成立.

证明 当不等式左边为零时(2.48)式显然成立,故可假设不等式左边大于零. 取

$$A=\Big(\sum_{i=1}^n|x_i|^p\Big)^{\frac{1}{p}},B=\Big(\sum_{i=1}^n|y_i|^p\Big)^{\frac{1}{p}},$$

再取 q 是 p 的共轭指数. 由赫尔德不等式,有

$$\sum_{i=1}^n|x_i||x_i+y_i|^{\frac{p}{q}}\leqslant A\Big(\sum_{i=1}^n|x_i+y_i|^p\Big)^{\frac{1}{q}},$$

$$\sum_{i=1}^n|y_i||x_i+y_i|^{\frac{p}{q}}\leqslant B\Big(\sum_{i=1}^n|x_i+y_i|^p\Big)^{\frac{1}{q}}.$$

于是由 $p-1=\dfrac{p}{q}$ 可得

$$\sum_{i=1}^{n}|x_i+y_i|^p = \sum_{i=1}^{n}|x_i+y_i||x_i+y_i|^{\frac{p}{q}}$$

$$\leqslant \sum_{i=1}^{n}|x_i||x_i+y_i|^{\frac{p}{q}} + \sum_{i=1}^{n}|y_i||x_i+y_i|^{\frac{p}{q}}$$

$$\leqslant (A+B)\Big(\sum_{i=1}^{n}|x_i+y_i|^p\Big)^{\frac{1}{q}}.$$

再由关系 $1-\dfrac{1}{q}=\dfrac{1}{p}$ 与 A,B 的定义可知闵可夫斯基不等式(2.48)成立.综合等式 $|x_i+y_i|=|x_i|+|y_i|$ 成立的条件与赫尔德不等式中等号成立的条件可知,仅当数列 $\{x_i\},\{y_i\}$ 对应成非负比例时(2.48)式中等号成立. □

指数 $p=2$ 时的闵可夫斯基不等式

$$\Big(\sum_{i=1}^{n}|x_i+y_i|^2\Big)^{\frac{1}{2}} \leqslant \Big(\sum_{i=1}^{n}|x_i|^2\Big)^{\frac{1}{2}} + \Big(\sum_{i=1}^{n}|y_i|^2\Big)^{\frac{1}{2}} \quad (2.49)$$

就是 n 维向量空间 $\mathbf{R}^n$ 中向量长度的三角不等式.从(2.48)式出发,令 $n\to\infty$,利用极限过程不难得到级数形式的闵可夫斯基不等式

$$\Big(\sum_{i=1}^{\infty}|x_i+y_i|^p\Big)^{\frac{1}{p}} \leqslant \Big(\sum_{i=1}^{\infty}|x_i|^p\Big)^{\frac{1}{p}} + \Big(\sum_{i=1}^{\infty}|y_i|^p\Big)^{\frac{1}{p}}, \quad (2.50)$$

这就是抽象空间 $l^p (p>1)$ 中向量范数的三角不等式.通过归纳,由(2.50)式可得 $m(m\geqslant 2)$ 个数列的闵可夫斯基不等式

$$\Big(\sum|x_{1i}+x_{2i}+\cdots+x_{mi}|^p\Big)^{\frac{1}{p}} \leqslant \Big(\sum_{i=1}|x_{1i}|^p\Big)^{\frac{1}{p}} + \Big(\sum_{i=1}|x_{2i}|^p\Big)^{\frac{1}{p}} + \cdots +$$

$$\Big(\sum_{i=1}|x_{mi}|^p\Big)^{\frac{1}{p}}. \quad (2.51)$$

下面是在初等数学中应用赫尔德不等式与闵可夫斯基不等式的几个例子.

例 2.39 设 $a_1,a_2,\cdots,a_n$ 与 $b_1,b_2,\cdots,b_n$ 是两组正数,证明:

$$\sqrt[n]{a_1a_2\cdots a_n} + \sqrt[n]{b_1b_2\cdots b_n} \leqslant \sqrt[n]{(a_1+b_1)(a_2+b_2)+\cdots+(a_n+b_n)}.$$

证明 注意 $p_1=p_2=\cdots=p_n=n$ 是一组共轭指数,故由多重赫

尔德不等式(2.47)可知

$$\sqrt[n]{a_1 a_2 \cdots a_n} + \sqrt[n]{b_1 b_2 \cdots b_n} = (a_1^{\frac{1}{n}} a_2^{\frac{1}{n}} \cdots a_n^{\frac{1}{n}}) + (b_1^{\frac{1}{n}} b_2^{\frac{1}{n}} \cdots b_n^{\frac{1}{n}})$$

$$\leqslant (a_1^{\frac{1}{n} \cdot n} + b_1^{\frac{1}{n} \cdot n})^{\frac{1}{n}} (a_2^{\frac{1}{n} \cdot n} + b_2^{\frac{1}{n} \cdot n})^{\frac{1}{n}} \cdots (a_n^{\frac{1}{n} \cdot n} + b_n^{\frac{1}{n} \cdot n})^{\frac{1}{n}}$$

$$= \sqrt[n]{(a_1+b_1)(a_2+b_2) + \cdots + (a_n+b_n)}. \quad \square$$

例 2.40 如图 2.8,设 P 为 $\triangle ABC$ 内一点,点 D,E,F 分别是从点 P 向 BC,CA,AB 所引垂线的垂足,求使和 $\dfrac{BC}{PD} + \dfrac{CA}{PE} + \dfrac{AB}{PF}$ 取最小值的 P 点.(第 22 届国际数学竞赛题)

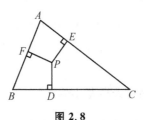

图 2.8

解 $\triangle ABC$ 的面积为

$$S_{\triangle ABC} = \frac{1}{2}(BC \cdot PD + CA \cdot PE + AB \cdot PF),$$

故

$$BC \cdot PD + CA \cdot PE + AB \cdot PF = 2S_{\triangle ABC}$$

是定值.利用柯西不等式(2.45)的等价形式

$$\left(\sum_{i=1}^{n} \sqrt{a_i b_i} \right)^2 \leqslant \left(\sum_{i=1}^{n} a_i \right) \left(\sum_{i=1}^{n} b_i \right),$$

得

$$(BC+CA+AB)^2 \leqslant \left(\frac{BC}{PD} + \frac{CA}{PE} + \frac{AB}{PF} \right)(BC \cdot PD + CA \cdot PE + AB \cdot PF).$$

由于周长 $L = BC+CA+AB$ 也是定值,于是

$$\frac{BC}{PD} + \frac{CA}{PE} + \frac{AB}{PF} \geqslant \frac{L^2}{2S_{\triangle ABC}}.$$

由柯西不等式中等号成立的条件可知当 $PD = PE = PF$,即 P 是

$\triangle ABC$ 的内心时上式等号成立，此时和 $\dfrac{BC}{PD}+\dfrac{CA}{PE}+\dfrac{AB}{PF}$ 取最小

值 $\dfrac{L^{2}}{2S_{\triangle ABC}}$.

例 2.41　设 $a,b\geqslant 0,\alpha>\beta>0$. 证明：
$$(a^{\alpha}+b^{\alpha})^{\frac{1}{\alpha}}<(a^{\beta}+b^{\beta})^{\frac{1}{\beta}}.$$

证明　注意到 $\dfrac{\alpha}{\beta}>1$，故由闵可夫斯基不等式，有
$$(a^{\alpha}+b^{\alpha})^{\frac{\beta}{\alpha}}=\big[(a^{\beta}+0)^{\frac{\alpha}{\beta}}+(0+b^{\beta})^{\frac{\alpha}{\beta}}\big]^{\frac{\beta}{\alpha}}\leqslant a^{\beta}+b^{\beta}.$$
由于 $(a^{\beta},0)$ 与 $(0,b^{\beta})$ 不对应成比例，故等号不成立，从而
$$(a^{\alpha}+b^{\alpha})^{\frac{1}{\alpha}}<(a^{\beta}+b^{\beta})^{\frac{1}{\beta}}.\quad\square$$

✳ 2.5.5　幂平均值不等式

现在我们由赫尔德不等式导出比加权平均值不等式（见 2.5.2）更加广泛的加权幂平均值不等式.

先引入一般幂平均值的概念. 设 $a=(a_{1},a_{2},\cdots,a_{n})$ 是正数列，$r\neq 0$，称
$$M_{r}(a)=\Big(\sum_{i=1}^{n}\frac{a_{i}^{r}}{n}\Big)^{\frac{1}{r}}$$
是 a 的 r **次幂平均值**. 显然 $r=1$ 时的 $M_{1}(a)$ 就是算术平均，$r=-1$ 时的 $M_{-1}(a)$ 就是调和平均. 以下例子说明几何平均可以看成 $r=0$ 时的幂平均 $M_{0}(a)$.

例 2.42　对任何正数列 $a_{1},a_{2},\cdots,a_{n}$，有
$$\lim_{r\to 0}\Big(\sum_{i=1}^{n}\frac{a_{i}^{r}}{n}\Big)^{\frac{1}{r}}=\Big(\prod_{i=1}^{n}a_{i}\Big)^{\frac{1}{n}}.\tag{2.52}$$

证明　使用指数换底公式，有
$$\Big(\sum_{i=1}^{n}\frac{a_{i}^{r}}{n}\Big)^{\frac{1}{r}}=\mathrm{e}^{\frac{1}{r}\ln\big(\sum\limits_{i=1}^{n}\frac{a_{i}^{r}}{n}\big)}.$$
使用洛必达法则求极限，有

$$\lim_{r \to 0} \frac{\ln\left(\sum_{i=1}^{n} \frac{a_i^r}{n}\right)}{r} \left(\frac{0}{0} \text{ 型}\right) = \lim_{r \to 0} \frac{\sum_{i=1}^{n} \frac{a_i^r}{n} \ln a_i}{\sum_{i=1}^{n} \frac{a_i^r}{n}}$$

$$= \sum_{i=1}^{n} \frac{1}{n} \ln a_i = \ln\left(\prod_{i=1}^{n} a_i\right)^{\frac{1}{n}},$$

于是由函数 $y = e^x$ 的连续性可得等式(2.52). □

例 2.43 设 $r > 1$,证明不等式

$$\sum_{i=1}^{n} \frac{a_i}{n} \leqslant \left(\sum_{i=1}^{n} \frac{a_i^r}{n}\right)^{\frac{1}{r}},$$

即这时 $a_1, a_2, \cdots, a_n$ 的算术平均值不大于 r 次幂平均值.

证明 设 q 是 r 的共轭指数,即

$$\frac{1}{r} + \frac{1}{q} = 1 \text{ 或 } 1 - \frac{1}{q} = \frac{1}{r}.$$

由赫尔德不等式(2.44),有

$$\sum_{i=1}^{n} \frac{a_i}{n} \leqslant \left(\sum_{i=1}^{n} a_i^r\right)^{\frac{1}{r}} \left[n \cdot \left(\frac{1}{n}\right)^q\right]^{\frac{1}{q}}$$

$$= \left(\sum_{i=1}^{n} a_i^r\right)^{\frac{1}{r}} \left(\frac{1}{n}\right)^{1-\frac{1}{q}} = \left(\sum_{i=1}^{n} \frac{a_i^r}{n}\right)^{\frac{1}{r}},$$

等号仅当 $a_1 = a_2 = \cdots = a_n$ 时成立. □

由于算术平均正好就是 $r = 1$ 时的幂平均,故由例 2.43 我们自然想到证明 r 次幂平均值对于 r 不减,这正是下面例子的结论.

例 2.44 设 $r_1 < r_2$,则对任何正数列 $a_1, a_2, \cdots, a_n$,有

$$\left(\sum_{i=1}^{n} \frac{a_i^{r_1}}{n}\right)^{\frac{1}{r_1}} \leqslant \left(\sum_{i=1}^{n} \frac{a_i^{r_2}}{n}\right)^{\frac{1}{r_2}}, \tag{2.53}$$

等号仅当 $a_1, a_2, \cdots, a_n$ 全相等时成立.

证明 (1) 先对 $0 < r_1 < r_2$ 的情形进行证明. 这时 $p = \dfrac{r_2}{r_1}$ 与 $q = \dfrac{r_2}{r_2 - r_1}$ 是一对共轭指数. 于是由赫尔德不等式(2.44),有

$$\sum_{i=1}^{n} \frac{a_i^{r_1}}{n} \leqslant \Big(\sum_{i=1}^{n} a_i^{r_1 \cdot \frac{r_2}{r_1}} \Big)^{\frac{r_1}{r_2}} \Big[n \cdot \Big(\frac{1}{n} \Big)^{\frac{r_2}{r_2-r_1}} \Big]^{\frac{r_2-r_1}{r_2}}$$

$$= \Big(\sum_{i=1}^{n} a_i^{r_2} \Big)^{\frac{r_1}{r_2}} \Big(\frac{1}{n} \Big)^{\frac{r_1}{r_2}} = \Big(\sum_{i=1}^{n} \frac{a_i^{r_2}}{n} \Big)^{\frac{r_1}{r_2}},$$

即这时不等式(2.53)成立. 由赫尔德不等式中等号成立的条件可知,
不等式中等号仅当 $a_1, a_2, \cdots, a_n$ 全相等时成立.

(2) 当 $r_1 < r_2 < 0$ 时, $0 < |r_2| < |r_1|$. 于是由(1)可知

$$\Big(\sum_{i=1}^{n} \frac{a_i^{r_1}}{n} \Big)^{\frac{1}{r_1}} = \Big\{ \Big[\sum_{i=1}^{n} \frac{(a_i^{-1})^{|r_1|}}{n} \Big]^{\frac{1}{|r_1|}} \Big\}^{-1}$$

$$\leqslant \Big\{ \Big[\sum_{i=1}^{n} \frac{(a_i^{-1})^{|r_2|}}{n} \Big]^{\frac{1}{|r_2|}} \Big\}^{-1} = \Big(\sum_{i=1}^{n} \frac{a_i^{r_2}}{n} \Big)^{\frac{1}{r_2}}.$$

(3) 当 $r_1 = 0 < r_2$ 时, 在第一种情形的不等式中令 $r_1 \to 0^+$, 再由
(2.52)式即得

$$\Big(\prod_{i=1}^{n} a_i \Big)^{\frac{1}{n}} \leqslant \Big(\sum_{i=1}^{n} \frac{a_i^{r_2}}{n} \Big)^{\frac{1}{r_2}}.$$

当 $r_1 < 0 = r_2$ 时, 在第二种情形的不等式中令 $r_2 \to 0^-$, 同样由
(2.52)式即得

$$\Big(\sum_{i=1}^{n} \frac{a_i^{r_1}}{n} \Big)^{\frac{1}{r_1}} \leqslant \Big(\prod_{i=1}^{n} a_i \Big)^{\frac{1}{n}}.$$

当 $r_1 < 0 < r_2$ 时, 由上面的两个结论可得

$$\Big(\sum_{i=1}^{n} \frac{a_i^{r_1}}{n} \Big)^{\frac{1}{r_1}} \leqslant \Big(\prod_{i=1}^{n} a_i \Big)^{\frac{1}{n}} \leqslant \Big(\sum_{i=1}^{n} \frac{a_i^{r_2}}{n} \Big)^{\frac{1}{r_2}}.$$

这就证明了对于任意的实数 $r_1 < r_2$, 不等式(2.53)总成立, 而且
仅当 $a_1, a_2, \cdots, a_n$ 全相等时等号成立. □

在本节 2.5.2 中, 我们将通常的算术平均、几何平均与调和平均
推广到了相应的加权平均. 受此启发, 我们也可以将刚才讨论的一般
幂平均推广为加权幂平均, 得到更具广泛理论意义与应用价值的加
权幂平均值不等式.

对于正数列 $a = (a_1, a_2, \cdots, a_n)$, 权数列 $p = (p_1, p_2, \cdots, p_n)$ $(p_i >$

$0, \sum\limits_{i=1}^{n} p_i = 1$) 与实数 $r \neq 0$,我们称

$$M_r(a,p) = \left(\sum\limits_{i=1}^{n} p_i a_i^r \right)^{\frac{1}{r}}$$

是 a 的**加 p 权 r 次幂平均**,简称为 a 的**加权幂平均**.

由定义可知,当权数列 $p = \left(\dfrac{1}{n}, \dfrac{1}{n}, \cdots, \dfrac{1}{n} \right)$ 时,加权幂平均就是刚才讨论过的一般幂平均;当幂 r 分别取 $1, -1$ 时,相应的加权幂平均分别就是 2.5.2 中定义过的加权算术平均与调和平均. 在下述定理意义下,加权 0 次幂平均就是加权几何平均,即

$$M_0(a,p) = G(a,p) = \prod\limits_{i=1}^{n} a_i^{p_i}.$$

定理 2.20　对于正数列 $a = (a_1, a_2, \cdots, a_n)$ 与权数列 $p = (p_1, p_2, \cdots, p_n)$,有

$$\lim\limits_{r \to 0} M_r(a,p) = G(a,p). \tag{2.54}$$

证明　注意到

$$M_r(a,p) = \mathrm{e}^{\frac{1}{r} \ln \left(\sum\limits_{i=1}^{n} p_i a_i^r \right)}.$$

由洛必达法则,有

$$\lim\limits_{r \to 0} \frac{\ln \left(\sum\limits_{i=1}^{n} p_i a_i^r \right)}{r} \left(\frac{0}{0} \text{型} \right) = \lim\limits_{r \to 0} \frac{\sum\limits_{i=1}^{n} p_i a_i^r \ln a_i}{\sum\limits_{i=1}^{n} p_i a_i^r} = \ln \prod\limits_{i=1}^{n} a_i^{p_i},$$

故由函数 $y = \mathrm{e}^x$ 的连续性可知

$$\lim\limits_{r \to 0} M_r(a,p) = \prod\limits_{i=1}^{n} a_i^{p_i} = G(a,p). \qquad \square$$

定理 2.21　对于正数列 $a = (a_1, a_2, \cdots, a_n)$ 与权数列 $p = (p_1, p_2, \cdots, p_n)$,加权幂平均 $M_r(a,p)$ 是幂 r 的增函数. 即对任何实数 $r_1 < r_2$,有**加权幂平均值不等式**

$$M_{r_1}(a,p) \leqslant M_{r_2}(a,p), \tag{2.55}$$

等号仅当 $a_1 = a_2 = \cdots = a_n$ 时成立.

证明 与例 2.44 中(1)的证明一样,先对 $0 < r_1 < r_2$ 的情况进行证明. 这时 $p = \dfrac{r_2}{r_1}$ 与 $q = \dfrac{r_2}{r_2 - r_1}$ 是一对共轭指数. 由赫尔德不等式 (2.44),有

$$
\begin{aligned}
\sum_{i=1}^{n} p_i a_i^{r_1} &= \sum_{i=1}^{n} p_i^{\frac{r_1}{r_2}} a_i^{r_1} \cdot p_i^{\frac{r_2 - r_1}{r_2}} \\
&\leqslant \Big[\sum_{i=1}^{n} \big(p_i^{\frac{r_1}{r_2}} a_i^{r_1} \big)^{\frac{r_2}{r_1}} \Big]^{\frac{r_1}{r_2}} \Big[\sum_{i=1}^{n} \big(p_i^{\frac{r_2 - r_1}{r_2}} \big)^{\frac{r_2}{r_2 - r_1}} \Big]^{\frac{r_2 - r_1}{r_2}} \\
&= \Big(\sum_{i=1}^{n} p_i a_i^{r_2} \Big)^{\frac{r_1}{r_2}} \Big(\sum_{i=1}^{n} p_i \Big)^{\frac{r_2 - r_1}{r_2}} = \Big(\sum_{i=1}^{n} p_i a_i^{r_2} \Big)^{\frac{r_1}{r_2}},
\end{aligned}
$$

于是

$$
M_{r_1}(a, p) = \Big(\sum_{i=1}^{n} p_i a_i^{r_1} \Big)^{\frac{1}{r_1}} \leqslant \Big(\sum_{i=1}^{n} p_i a_i^{r_2} \Big)^{\frac{1}{r_2}} = M_{r_2}(a, p),
$$

即这时不等式(2.55)成立. 由赫尔德不等式中等号成立的条件可知,这时等号仅当 $a_1, a_2, \cdots, a_n$ 全相等时成立. 对于 $r_1 < r_2 < 0$, $r_1 = 0 < r_2$, $r_1 < 0 = r_2$ 与 $r_1 < 0 < r_2$ 等几种情形,不难借助刚才证明的对 $0 < r_1 < r_2$ 成立的不等式,采用例 2.44 中证明情况(2)和(3)时使用过的相似方法去验证不等式(2.55)同样成立,这里从略. □

注 2.2 在定理 2.21 中,取 r 分别为 $-1, 0$ 与 1,我们将再次得到由(2.39)式给出的平均值不等式

$$
\frac{1}{\displaystyle\sum_{i=1}^{n} p_i \frac{1}{x_i}} \leqslant \prod_{i=1}^{n} x_i^{p_i} \leqslant \sum_{i=1}^{n} p_i x_i,
$$

即平均值不等式(2.39)与(2.55)均是赫尔德不等式(2.44)的推论. 而在定理 2.17 中,我们却用平均值不等式(2.43)证明赫尔德不等式(2.44). 这就是说,平均值不等式与赫尔德不等式相互等价,二者均是凸性不等式(2.37)应用于凸函数 $f(x) = -\ln x (x > 0)$ 的推论.

下面给出几个在初等数学中使用加权幂平均值不等式的例子.

例 2.45 设 $x, y, z > 0$, $x + 2y + 3z = 12$. 证明:

$$x^2 + 2y^2 + 3z^2 \geqslant 24.$$

证明 对于权数列 $p = \left(\dfrac{1}{6}, \dfrac{2}{6}, \dfrac{3}{6} \right)$，由题设 $X = (x, y, z)$ 的加权

算术平均是

$$M_1(X, p) = \frac{1}{6}x + \frac{2}{6}y + \frac{3}{6}z = 2,$$

而幂为 2 的加权平均是

$$M_2(X, p) = \left(\frac{1}{6}x^2 + \frac{2}{6}y^2 + \frac{3}{6}z^2 \right)^{\frac{1}{2}}.$$

故由加权幂平均值不等式(2.55)可知

$$2 = M_1(X, p) \leqslant M_2(X, p) = \left(\frac{1}{6}x^2 + \frac{2}{6}y^2 + \frac{3}{6}z^2 \right)^{\frac{1}{2}},$$

从而 $x^2 + 2y^2 + 3z^2 \geqslant 24$，等号仅当 $x = y = z = 2$ 时成立. $\quad\square$

例 2.45 说明条件最小值问题

$$\begin{cases} \min\{x^2 + 2y^2 + 3z^2\}, \\ x + 2y + 3z = 12, \\ x, y, z > 0 \end{cases}$$

有唯一解 $(x, y, z) = (2, 2, 2)$.

例 2.46 设 $x, y, z > 0$. 试证：

$$\left(\frac{x+y+z}{3} \right)^{x+y+z} \leqslant x^x y^y z^z \leqslant \left(\frac{x^2+y^2+z^2}{x+y+z} \right)^{x+y+z}.$$

证明 需要证明的不等式等价于

$$\frac{x+y+z}{3} \leqslant x^{\frac{x}{x+y+z}} y^{\frac{y}{x+y+z}} z^{\frac{z}{x+y+z}} \leqslant \frac{x^2+y^2+z^2}{x+y+z}.$$

对于数列 $X = (x, y, z)$ 与权数列

$$p = (p_1, p_2, p_3) = \left(\frac{x}{x+y+z}, \frac{y}{x+y+z}, \frac{z}{x+y+z} \right),$$

由加权幂平均值不等式(2.55)可得

$$M_{-1}(X, p) \leqslant M_0(X, p) \leqslant M_1(X, p).$$

再由

$$M_{-1}(X,p)=\cfrac{1}{p_1\cfrac{1}{x}+p_2\cfrac{1}{y}+p_3\cfrac{1}{z}}=\frac{x+y+z}{3},$$

$$M_0(X,p)=x^{p_1}y^{p_2}z^{p_3}=x^{\frac{x}{x+y+z}}y^{\frac{y}{x+y+z}}z^{\frac{z}{x+y+z}},$$

$$M_1(X,p)=p_1x+p_2y+p_3z=\frac{x^2+y^2+z^2}{x+y+z},$$

代入即得所要证明的等价不等式成立,等号仅当 $x=y=z$ 时成立. □

例 2.47 证明:

$$1\cdot2^2\cdot3^3\cdot\cdots\cdot n^n<\left(\frac{2n+1}{3}\right)^{\frac{n(n+1)}{2}}.$$

证明 从中学教材中我们知道

$$q_n=1+2+\cdots+n=\frac{n(n+1)}{2},$$

$$1^2+2^2+\cdots+n^2=\frac{n(n+1)(2n+1)}{6}.$$

对于数列 $X=(1,2,\cdots,n)$ 与权数列

$$p=(p_1,p_2,\cdots,p_n)=\left(\frac{1}{q_n},\frac{2}{q_n},\cdots,\frac{n}{q_n}\right),$$

$$M_0(X,p)=1^{p_1}\cdot2^{p_2}\cdot\cdots\cdot n^{p_n}=(1\cdot2^2\cdot3^3\cdot\cdots\cdot n^n)^{\frac{2}{n(n+1)}},$$

$$M_1(X,p)=p_1+2p_2+\cdots+np_n=\frac{1^2+2^2+\cdots+n^2}{1+2+\cdots+n}=\frac{2n+1}{3}.$$

由平均值不等式 $M_0(X,p)\leqslant M_1(X,p)$ 可知

$$(1\cdot2^2\cdot3^3\cdot\cdots\cdot n^n)^{\frac{2}{n(n+1)}}\leqslant\frac{2n+1}{3},$$

即

$$1\cdot2^2\cdot3^3\cdot\cdots\cdot n^n\leqslant\left(\frac{2n+1}{3}\right)^{\frac{n(n+1)}{2}}.$$

由于 $X=(1,2,\cdots,n)$ 中各数互不相等,故以上不等式中等号不成立,从而有严格不等式

$$1\cdot2^2\cdot3^3\cdot\cdots\cdot n^n<\left(\frac{2n+1}{3}\right)^{\frac{n(n+1)}{2}}. \quad □$$

例 2.48 证明：

$$\sqrt{2} \cdot \sqrt[2^2]{4} \cdots \sqrt[2^n]{2^n} < n+1.$$

证明 由

$$\frac{1}{2} + \frac{1}{2^2} + \cdots + \frac{1}{2^n} = 1 - \frac{1}{2^n}$$

可知

$$p = (p_0, p_1, p_2, \cdots, p_n) = \left(\frac{1}{2^n}, \frac{1}{2}, \frac{1}{2^2}, \cdots, \frac{1}{2^n} \right)$$

是权数列. 对数列 $X = (1, 2, 2^2, \cdots, 2^n)$,

$$M_1(X, p) = p_0 \cdot 1 + p_1 \cdot 2 + p_2 \cdot 2^2 + \cdots + p_n \cdot 2^n = n + \frac{1}{2^n} < n+1,$$

$$M_0(X, p) = \sqrt[2^n]{1} \cdot \sqrt{2} \cdot \sqrt[2^2]{4} \cdots \sqrt[2^n]{2^n}.$$

故由加权幂平均值不等式 $M_0(X, p) \leqslant M_1(X, p)$ 可知

$$\sqrt{2} \cdot \sqrt[2^2]{4} \cdots \sqrt[2^n]{2^n} < n+1. \quad \square$$

例 2.49 设 $x, y, z > 0$, $x + y + z = 2$. 试证：

$$x^x y^y z^z \geqslant \frac{4}{9}.$$

证明 对数列 $X = (x, y, z)$ 和权数列 $p = \left(\dfrac{x}{2}, \dfrac{y}{2}, \dfrac{z}{2} \right)$,

$$M_{-1}(X, p) = \frac{1}{\dfrac{x}{2} \cdot \dfrac{1}{x} + \dfrac{y}{2} \cdot \dfrac{1}{y} + \dfrac{z}{2} \cdot \dfrac{1}{z}} = \frac{2}{3},$$

$$M_0(X, p) = x^{\frac{x}{2}} y^{\frac{y}{2}} z^{\frac{z}{2}}.$$

故由不等式 $M_{-1}(X, p) \leqslant M_0(X, p)$ 可知

$$\frac{2}{3} \leqslant x^{\frac{x}{2}} y^{\frac{y}{2}} z^{\frac{z}{2}},$$

即 $x^x y^y z^z \geqslant \dfrac{4}{9}$, 等号仅当 $x = y = z = \dfrac{2}{3}$ 时成立. $\quad \square$

例 2.49 说明条件最值问题

$$\begin{cases} \min\{x^x y^y z^z\}, \\ x+y+z=2, \\ x,y,x>0 \end{cases}$$

有唯一解 $x=y=z=\dfrac{2}{3}$.

例 2.50 设 $r,s,t,x>0$. 试证：

$$rx^{s-t}+sx^{t-r}+tx^{r-s} \geqslant r+s+t.$$

证明 对数列 $X=(x^{s-t}, x^{t-r}, x^{r-s})$ 与权数列

$$p=\left(\frac{r}{r+s+t}, \frac{s}{r+s+t}, \frac{t}{r+s+t}\right),$$

由于

$$M_0(X,p)=x^{\frac{r(s-t)+s(t-r)+t(r-s)}{r+s+t}}=x^0=1,$$

$$M_1(X,p)=\frac{rx^{s-t}}{r+s+t}+\frac{sx^{t-r}}{r+s+t}+\frac{tx^{r-s}}{r+s+t}.$$

故由不等式 $M_0(X,p) \leqslant M_1(X,p)$ 可得

$$1 \leqslant \frac{rx^{s-t}}{r+s+t}+\frac{sx^{t-r}}{r+s+t}+\frac{tx^{r-s}}{r+s+t},$$

即

$$r+s+t \leqslant rx^{s-t}+sx^{t-r}+tx^{r-s},$$

等号成立的条件是 $r=s=t$. $\square$

例 2.51 设 $a_1,a_2,\cdots,a_n>0$，$q_1,q_2,\cdots,q_n>0$，α,β 都是正数，$\gamma=\alpha+\beta$. 试证：

$$\frac{q_1a_1^\alpha+q_2a_2^\alpha+\cdots+q_na_n^\alpha}{q_1+q_2+\cdots+q_n} \cdot \frac{q_1a_1^\beta+q_2a_2^\beta+\cdots+q_na_n^\beta}{q_1+q_2+\cdots+q_n} \leqslant \frac{q_1a_1^\gamma+q_2a_2^\gamma+\cdots+q_na_n^\gamma}{q_1+q_2+\cdots+q_n}.$$

证明 对数列 $X=(a_1,a_2,\cdots,a_n)$ 和权数列

$$p=\left(\frac{q_1}{\sum\limits_{i=1}^n q_i}, \frac{q_2}{\sum\limits_{i=1}^n q_i}, \cdots, \frac{q_n}{\sum\limits_{i=1}^n q_i}\right),$$

由 $\alpha,\beta<\gamma$ 与加权幂平均值不等式(2.55)可知

$$M_\alpha(X,p) \leqslant M_\gamma(X,p), M_\beta(X,p) \leqslant M_\gamma(X,p).$$

于是

$$\left(\frac{q_1 a_1^\alpha + q_2 a_2^\alpha + \cdots + q_n a_n^\alpha}{q_1 + q_2 + \cdots + q_n}\right)^{\frac{1}{\alpha}} \leqslant \left(\frac{q_1 a_1^\gamma + q_2 a_2^\gamma + \cdots + q_n a_n^\gamma}{q_1 + q_2 + \cdots + q_n}\right)^{\frac{1}{\gamma}},$$

即

$$\frac{q_1 a_1^\alpha + q_2 a_2^\alpha + \cdots + q_n a_n^\alpha}{q_1 + q_2 + \cdots + q_n} \leqslant \left(\frac{q_1 a_1^\gamma + q_2 a_2^\gamma + \cdots + q_n a_n^\gamma}{q_1 + q_2 + \cdots + q_n}\right)^{\frac{\alpha}{\gamma}}.$$

同理

$$\frac{q_1 a_1^\beta + q_2 a_2^\beta + \cdots + q_n a_n^\beta}{q_1 + q_2 + \cdots + q_n} \leqslant \left(\frac{q_1 a_1^\gamma + q_2 a_2^\gamma + \cdots + q_n a_n^\gamma}{q_1 + q_2 + \cdots + q_n}\right)^{\frac{\beta}{\gamma}}.$$

将两个不等式左、右两端分别相乘,再由等式 $\gamma = \alpha + \beta$ 即得所要证明的不等式.不等式中等号成立的条件是 $a_1 = a_2 = \cdots = a_n$. □

第三章

积分及其应用

微积分中的积分学主要由不定积分、定积分与重积分三部分组成,曲线积分与曲面积分等最后总要化归定积分或重积分来计算.

§3.1 不定积分

不定积分基本上是作为求导运算的逆运算存在的.

定义 3.1 设 $f(x)$ 是定义在区间 I 上的一元函数. 若存在 I 上的可导函数 $F(x)$ 使得 $f(x)$ 是其导数,即

$$F'(x) = f(x), x \in I, \tag{3.1}$$

则称 $F(x)$ 是 $f(x)$ **的一个原函数**; $f(x)$ 的所有原函数的集合或其原函数的一般表达式叫作 $f(x)$ **的不定积分**,记为

$$\int f(x)\mathrm{d}x,$$

即

$$\int f(x)\mathrm{d}x = \{F(x) \mid F'(x) = f(x), x \in I\}. \tag{3.2}$$

定理 3.1 若 $F(x)$ 是 $f(x)$ 的一个原函数,则

$$\int f(x)\mathrm{d}x = \{F(x) + C \mid C \in \mathbf{R}\}, \tag{3.3}$$

简记为

$$\int f(x)\mathrm{d}x = F(x) + C, x \in I(C \text{ 是任意常数}). \qquad (3.4)$$

证明 对于任意常数 $C \in \mathbf{R}$,由 $[F(x)+C]' = f(x), x \in I$ 可知 $F(x)+C$ 也是 $f(x)$ 的一个原函数,或 $F(x)+C$ 属于 $f(x)$ 的不定积分(集合),即有

$$\int f(x)\mathrm{d}x \supseteq \{F(x)+C \mid C \in \mathbf{R}\}.$$

反过来,对于 $f(x)$ 的不定积分 $\int f(x)\mathrm{d}x$(集合)中的任意一个函数 $G(x)$,由于 $[G(x)-F(x)]' = f(x) - f(x) \equiv 0, x \in I$,故由定理 2.7 可知 $G(x) - F(x)$ 是 I 上的常函数,即存在常数 $C \in \mathbf{R}$,使 $G(x) - F(x) = C$ 或 $G(x) = F(x) + C$.这就证明了另一个包含关系

$$\int f(x)\mathrm{d}x \subseteq \{F(x)+C \mid C \in \mathbf{R}\},$$

于是等式(3.3)或(3.4)成立. □

由定理 3.1 可知函数 $f(x)$ 存在原函数与函数 $f(x)$ 的不定积分存在是等价的.确保一个函数存在原函数或不定积分的条件比较复杂,一般讨论可以参看文献[1～3]等.这里先给出一个较强的充分条件,其证明蕴涵在后面的定理 3.6 中.

定理 3.2 区间 I 上的连续函数一定存在原函数.

由不定积分的定义不难得出以下结论:

定理 3.3 (1) 当 $f(x)$ 在区间 I 上的不定积分存在时,

$$\left[\int f(x)\mathrm{d}x\right]' = f(x), x \in I; \qquad (3.5)$$

(2) 当 $F(x)$ 在区间 I 上可导时,

$$\int F'(x)\mathrm{d}x = F(x) + C, x \in I, C \in \mathbf{R}(C \text{ 是任意常数}). \ (3.6)$$

等式(3.5)意味着函数 $f(x)$ 的任何一个原函数的导数都是 $f(x)$ 本身;等式(3.6)由定理 3.1 可得.定理 3.3 说明,在不计(3.6)式中任意常数 C 的意义下,可将不定积分与微分(或求导)看作互逆运算.但在具体计算时绝对不可将 C 丢失,因为等式(3.6)的右方应

是一个函数集合 $\{F(x)+C\,|\,C\in\mathbf{R}\}$，而不是单个函数 $F(x)$.

　　既然不定积分可以看作微分的逆运算，由基本初等函数的导数公式表马上可以得到相应的不定积分表. 例如：

$$(x^k)'=kx^{k-1}(k\neq 0),\qquad \int x^k\mathrm{d}x=\frac{x^{k+1}}{k+1}+C(k\neq -1);$$

$$(\sin x)'=\cos x,\qquad \int\cos x\mathrm{d}x=\sin x+C;$$

$$(\arctan x)'=\frac{1}{1+x^2},\qquad \int\frac{\mathrm{d}x}{1+x^2}=\arctan x+C;$$

$$(\ln x)'=\frac{1}{x},\qquad \int\frac{\mathrm{d}x}{x}=\ln x+C;$$

$$\cdots$$

　　同样由函数四则运算、复合运算与逆运算的导数公式不难得到相应的不定积分公式. 例如，由两个函数乘积的导数公式

$$[u(x)v(x)]'=u'(x)v(x)+u(x)v'(x),$$

可以得到分部积分公式

$$\int u(x)v'(x)\mathrm{d}x=u(x)v(x)-\int u'(x)v(x)\mathrm{d}x. \qquad (3.7)$$

若用微分关系 $v'(x)\mathrm{d}x=\mathrm{d}v(x),u'(x)\mathrm{d}x=\mathrm{d}u(x)$，公式(3.7)也可写成

$$\int u(x)\mathrm{d}v(x)=u(x)v(x)-\int v(x)\mathrm{d}u(x). \qquad (3.8)$$

　　若已知 $\int f(u)\mathrm{d}u=F(u)+C$，则 $F'(u)=f(u)$. 现在若 $u=\varphi(x)$ 可导，则由复合函数的导数公式可知

$$\frac{\mathrm{d}F(\varphi(x))}{\mathrm{d}x}=F'(u)\varphi'(x)=f(\varphi(x))\varphi'(x).$$

于是由不定积分的定义可得第一换元积分公式

$$\int f(\varphi(x))\varphi'(x)\mathrm{d}x=\int f(\varphi(x))\mathrm{d}\varphi(x)=F(\varphi(x))+C. \quad (3.9)$$

　　由于不定积分基本上就是求导运算的逆运算，我们自然想到只

要会求导数就会计算不定积分,然而事实并非如此简单.经验告诉我们,不定积分是分析数学中最为多变、烦琐,也最值得研究总结的一类计算.虽然由于写作目的的原因,本书不准备分类讨论具体函数不定积分的计算方法,但是我们必须明白这类算法的重要意义.下节将要给出的微积分学基本定理告诉我们,定积分的计算最后也将归结到不定积分的计算上来,这从另一方面说明了不定积分计算的重要意义.有关不定积分计算的分类讨论可以参看相关的《数学分析》教科书,如文献[1~3]等.

§3.2 定积分与重积分

✳ 3.2.1 定积分

从上一节我们知道,不定积分基本上是求导运算的逆运算.下面我们将会看到,定积分是某种特殊和式的极限.联系两类积分的桥梁是著名的微积分学基本定理(牛顿-莱布尼兹公式).让我们先从一个例子来看定积分的概念是怎样产生的.

例 3.1(*曲边梯形的面积*) 设 $f(x)$ 是闭区间 $[a,b]$ 上的连续函数,且 $f(x) \geqslant 0$. 称由曲线 $y = f(x)$,$x \in [a,b]$,直线 $x = a$,$x = b$ 及 x 轴所围成的平面图形

$$G = \{(x,y) \in \mathbf{R}^2 \mid 0 \leqslant y \leqslant f(x), x \in [a,b]\}$$

是曲边梯形.下面讨论曲边梯形 G 的面积计算问题.

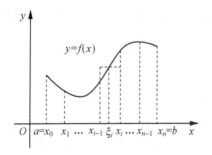

图 3.1

如图 3.1,首先在区间 $[a,b]$ 内任取 $n-1$ 个分点,连同边界点依次排列成

$$a=x_0<x_1<x_2<\cdots<x_{n-1}<x_n=b.$$

这些点把 $[a,b]$ 分割成 n 个小区间 $[x_{i-1},x_i]$,其长度为 $\Delta x_i=x_i-x_{i-1}$,将相应的分割记为 T. 这时相应的 $n-1$ 条直线 $x=x_i$ 把曲边梯形 G 分割成 n 个窄曲边梯形

$$G_i=\{(x,y)\in \mathbf{R}^2\,|\,0\leqslant y\leqslant f(x),x\in[x_{i-1},x_i]\}\ (i=1,2,\cdots,n).$$

在每个小区间上任取一点 $\xi_i\in[x_{i-1},x_i]$,作以 $f(\xi_i)$ 为高、$[x_{i-1},x_i]$ 为底的小矩形. 由函数的连续性可知当小区间 $[x_{i-1},x_i]$ 的长度 Δx_i 很小时,G_i 的面积 S_i 近似于小矩形的面积,即

$$S_i\approx f(\xi_i)\Delta x_i.$$

当对 $[a,b]$ 分割得越来越细,使得每个小区间 $[x_{i-1},x_i]$ 的长度 Δx_i 均很小时,这些小矩形的面积之和就可作为该曲边梯形面积 S 的近似值,即

$$S\approx \sum_{i=1}^n f(\xi_i)\Delta x_i. \tag{3.10}$$

注意(3.10)式右方的和式既依赖于对区间 $[a,b]$ 的分割,又与中间点 $\xi_i\in[x_{i-1},x_i]$ 的取法有关. 让小区间的最大长度

$$\|T\|=\max\{\Delta x_i\}\ (i=1,2,\cdots,n)$$

作为分割 T 的一个度量. 可以想象,当 T 趋于 0 或 Δx_i 一致趋于 0 时,若(3.10)式右方的近似和存在与具体分割法及取点法无关的唯

一极限,则此极限理应就是所求曲边梯形的面积,即

$$S = \lim_{\|T\| \to 0} \sum_{i=1}^{n} f(\xi_i) \Delta x_i. \tag{3.11}$$

我们借此给出定积分的定义:

定义 3.2 设 $f(x)$ 为闭区间 $[a,b]$ 上的有界函数,J 是一个实数.若对任意给定的 $\varepsilon > 0$,存在 $\delta > 0$,使对 $[a,b]$ 的任意分割

$$T: a = x_0 < x_1 < x_2 < \cdots < x_{n-1} < x_n = b,$$

与任意取点法 $\xi_i \in [x_{i-1}, x_i]$,当 $\|T\| < \delta$ 时就有

$$\left| \sum_{i=1}^{n} f(\xi_i) \Delta x_i - J \right| < \varepsilon,$$

即

$$\lim_{\|T\| \to 0} \sum_{i=1}^{n} f(\xi_i) \Delta x_i = J,$$

则称 $f(x)$ 在区间 $[a,b]$ 上**可积**;称数 J 为 $f(x)$ 在 $[a,b]$ 上的**定积分**,记为

$$\int_a^b f(x)\mathrm{d}x = \lim_{\|T\| \to 0} \sum_{i=1}^{n} f(\xi_i) \Delta x_i. \tag{3.12}$$

其中称 $f(x)$ 为被积函数,x 为**积分变量**,$[a,b]$ 为**积分区间**,a,b 分别为**积分下限**和**积分上限**.

注 3.1 定义 3.2 所给的定积分由著名数学家黎曼(Riemann)首先提出,故也被称为**黎曼积分**.仔细观察不难发现,黎曼积分定义的本质可以概括为**分割**、**取点**、**求和**与**取极限**四个步骤.用这种"四步法"也可定义多元函数的积分与曲线、曲面积分等.对于 $[a,b]$ 上的连续函数 $f(x)$,当 $f(x) \geqslant 0$,$x \in [a,b]$ 时,由例 3.1 可知定积分 $\int_a^b f(x)\mathrm{d}x$ 就表示曲边梯形 G 的面积;当 $f(x) \leqslant 0$,$x \in [a,b]$ 时,$-f(x) \geqslant 0$,由定义可知

$$\int_a^b f(x)\mathrm{d}x = -\int_a^b [-f(x)]\mathrm{d}x,$$

即这时 $\int_a^b f(x)\mathrm{d}x$ 是位于 x 轴下方的曲边梯形面积的相反数;对于一

般连续函数 $f(x)$，如图 3.2，定积分 $\int_a^b f(x)\mathrm{d}x$ 表示 x 轴上方与下方两个曲边梯形面积之差，简称为两部分面积的**代数和**. 这就是定积分的几何意义.

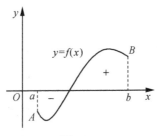

图 3.2

函数在什么条件下可积的问题十分复杂，详细讨论可以参看文献[1～3]等，这里我们只不加证明地给出一个充分性结论：

定理 3.4 区间 $[a,b]$ 上的连续函数可积.

由定义 3.2 立即可得以下三个基本事实：

命题 3.1 (1) 常函数 1 的积分就是积分区间 $[a,b]$ 的长度，即

$$\int_a^b \mathrm{d}x = b - a; \tag{3.13}$$

(2) 当积分区间的长度为 0 时，积分也是 0，即

$$\int_a^a f(x)\mathrm{d}x = 0; \tag{3.14}$$

(3) 定积分的值与积分变量的选取或名称无关，即

$$\int_a^b f(x)\mathrm{d}x = \int_a^b f(t)\mathrm{d}t.$$

下面给出定积分的几条简单性质，比较复杂一些的可以参看《数学分析》教材[1～3]等.

定理 3.5 设函数 $f(x)$ 与 $g(x)$ 均在 $[a,b]$ 上可积. 若约定

$$\int_a^b f(x)\mathrm{d}x = -\int_b^a f(x)\mathrm{d}x,$$

则有

（1）**线性性质**：对于任何常数 $\alpha,\beta,\alpha f(x)+\beta g(x)$ 可积，且

$$\int_a^b [\alpha f(x)+\beta g(x)]\mathrm{d}x = \alpha \int_a^b f(x)\mathrm{d}x + \beta \int_a^b g(x)\mathrm{d}x; \quad (3.15)$$

（2）**区域可加性质**：对于任意的实数 c，

$$\int_a^b f(x)\mathrm{d}x = \int_a^c f(x)\mathrm{d}x + \int_c^b f(x)\mathrm{d}x; \quad (3.16)$$

（3）**不等式性质**：当 $f(x) \leqslant g(x), x \in [a,b]$ 时，

$$\int_a^b f(x)\mathrm{d}x \leqslant \int_a^b g(x)\mathrm{d}x, \quad (3.17)$$

$$\left| \int_a^b f(x)\mathrm{d}x \right| \leqslant \int_a^b |f(x)|\mathrm{d}x; \quad (3.18)$$

（4）**第一积分中值定理**：当 $f(x)$ 在 $[a,b]$ 上连续时，至少存在一点 $\xi \in [a,b]$，使

$$\int_a^b f(x)\mathrm{d}x = f(\xi)(b-a). \quad (3.19)$$

（5）**推广的第一积分中值定理**：当 $f(x),g(x)$ 在 $[a,b]$ 上连续，且 $g(x)$ 在 $[a,b]$ 上不变号时，至少存在一点 $\xi \in [a,b]$，使

$$\int_a^b f(x)g(x)\mathrm{d}x = f(\xi)\int_a^b g(x)\mathrm{d}x. \quad (3.20)$$

证明　性质（1）、（2）与（3）中的不等式（3.17）由定义可得. 由

$$-|f(x)| \leqslant f(x) \leqslant |f(x)|, x \in [a,b],$$

利用（3.17）式可得

$$-\int_a^b |f(x)|\mathrm{d}x \leqslant \int_a^b f(x)\mathrm{d}x \leqslant \int_a^b |f(x)|\mathrm{d}x,$$

即不等式（3.18）成立.

性质（4）是性质（5）在 $g(x)$ 取常数 1 时的特例，下面证明性质（5）. 由函数 $f(x)$ 的连续性，设

$$m \leqslant f(x) \leqslant M, x \in [a,b],$$

其中 m,M 分别是 $f(x)$ 在闭区间 $[a,b]$ 上的最小、最大值.

当 $g(x) \equiv 0, x \in [a,b]$ 时，对于任意的 $\xi \in [a,b]$，等式（3.20）恒成立. 否则由连续性不难看出 $\int_a^b g(x)\mathrm{d}x \neq 0$. 这样当 $g(x) \geqslant 0, x \in$

$[a,b]$时,

$$mg(x) \leqslant f(x)g(x) \leqslant Mg(x), x \in [a,b],$$

两端积分得

$$m\int_a^b g(x)\mathrm{d}x \leqslant \int_a^b f(x)g(x)\mathrm{d}x \leqslant M\int_a^b g(x)\mathrm{d}x,$$

由 $\int_a^b g(x)\mathrm{d}x > 0$ 可得

$$m \leqslant \frac{\int_a^b f(x)g(x)\mathrm{d}x}{\int_a^b g(x)\mathrm{d}x} \leqslant M.$$

当 $g(x) \leqslant 0, x \in [a,b]$时,

$$mg(x) \geqslant f(x)g(x) \geqslant Mg(x), x \in [a,b],$$

两端积分得

$$m\int_a^b g(x)\mathrm{d}x \geqslant \int_a^b f(x)g(x)\mathrm{d}x \geqslant M\int_a^b g(x)\mathrm{d}x,$$

由 $\int_a^b g(x)\mathrm{d}x < 0$ 同理可得

$$m \leqslant \frac{\int_a^b f(x)g(x)\mathrm{d}x}{\int_a^b g(x)\mathrm{d}x} \leqslant M.$$

于是由连续函数的介值定理可知至少存在一点 $\xi \in [a,b]$,使

$$f(\xi) = \frac{\int_a^b f(x)g(x)\mathrm{d}x}{\int_a^b g(x)\mathrm{d}x},$$

即(3.20)式成立. □

✼ 3.2.2 微积分学基本定理

一般来说,想通过定积分的定义或求积分和的极限来计算定积分是非常困难的.下面将要介绍的微积分学基本定理既从实践上为

定积分的计算提供了基本方法,又从理论上建立起了定积分与不定积分的密切联系.下面我们先从上限函数开始讨论.

当 $f(x)$ 在 $[a,b]$ 上连续时,对于任意给定的 $x\in[a,b]$,由定理 3.4 可知函数 $f(t)$ 在 $[a,x]$ 上可积.这时称取值随上限改变的新函数

$$F(x) = \int_a^x f(t)\mathrm{d}t, x \in [a,b]$$

是**上限函数**.由于积分变量的名称与积分值无关,故为方便起见上限函数也常被写成

$$F(x) = \int_a^x f(x)\mathrm{d}x, x \in [a,b]. \tag{3.21}$$

然而值得注意的是在(3.21)式中,$F(x)$ 中的 x 与积分上限 x 就是 $x\in[a,b]$ 中的这个自变量 x,而 $f(x)$ 与 $\mathrm{d}x$ 中的 x 却是可以改用其他字母替代的积分变量.

定理 3.6 当 $f(x)$ 在 $[a,b]$ 上连续时,上限函数 $F(x) = \int_a^x f(t)\mathrm{d}t$ 是 $f(x)$ 的一个原函数,即有

$$\frac{\mathrm{d}}{\mathrm{d}x}\int_a^x f(t)\mathrm{d}t = f(x), x \in [a,b]. \tag{3.22}$$

证明 对于任意的 $x\in[a,b]$ 与满足 $x+\Delta x\in[a,b]$ 的改变量 Δx,由(3.19)式给出的第一积分中值定理可知,存在 x 与 $x+\Delta x$ 之间的一点 ξ,使

$$\Delta F(x) = \int_a^{x+\Delta x} f(t)\mathrm{d}t - \int_a^x f(t)\mathrm{d}t = \int_x^{x+\Delta x} f(t)\mathrm{d}t = f(\xi)\Delta x.$$

当 $\Delta x\to 0$ 时,由 $x+\Delta x\to x$ 可知 $\xi\to x$ 同样成立.故由 $f(x)$ 的连续性可知

$$\frac{\mathrm{d}}{\mathrm{d}x}\int_a^x f(t)\mathrm{d}t = \lim_{\Delta x\to 0}\frac{\Delta F(x)}{\Delta x} = \lim_{\xi\to x}f(\xi) = f(x), x \in [a,b]. \quad \Box$$

定理 3.6 是微积分学基本定理的主要依据.在证明基本定理之前,让我们通过几个例子说明定理 3.6 在微积分学中的更多应用.

例 3.2 利用定理 3.6 证明第一积分中值公式(3.19),即当

$f(x)$ 在 $[a,b]$ 上连续时,存在一点 $\xi \in (a,b)$,使

$$\int_a^b f(x)\mathrm{d}x = f(\xi)(b-a).$$

证明 由定理 3.6 可知 $F(x) = \int_a^x f(x)\mathrm{d}x$ 在 $[a,b]$ 上连续,在 (a,b) 内可导,且导数为 $f(x)$. 于是由微分中值定理 2.6 可知存在一点 $\xi \in (a,b)$,使

$$F(b) - F(a) = F'(\xi)(b-a).$$

再由 $F(b) = \int_a^b f(x)\mathrm{d}x, F(a) = \int_a^a f(x)\mathrm{d}x = 0$ 与 $F'(\xi) = f(\xi)$ 可知

$$\int_a^b f(x)\mathrm{d}x = F(b) - F(a) = f(\xi)(b-a). \quad \square$$

例 3.3 设 $f(x)$ 在 $(-\infty, +\infty)$ 内连续,且 $f(x) > 0$. 证明:函数

$$F(x) = \begin{cases} \dfrac{\displaystyle\int_0^x tf(t)\mathrm{d}t}{\displaystyle\int_0^x f(t)\mathrm{d}t}, & x \neq 0, \\[4mm] 0, & x = 0 \end{cases}$$

严格单调递增.

证明 使用洛必达法则,由定理 3.6 可知

$$\lim_{x \to 0} F(x) = \lim_{x \to 0} \frac{\displaystyle\int_0^x tf(t)\mathrm{d}t}{\displaystyle\int_0^x f(t)\mathrm{d}t} = \lim_{x \to 0} \frac{xf(x)}{f(x)} = 0 = F(0),$$

故 $F(x)$ 在 0 点连续,从而也在整个实数集上连续.

当 $x \neq 0$ 时,再次使用定理 3.6 得

$$F'(x) = \frac{xf(x)\displaystyle\int_0^x f(t)\mathrm{d}t - f(x)\displaystyle\int_0^x tf(t)\mathrm{d}t}{\left[\displaystyle\int_0^x f(t)\mathrm{d}t\right]^2}$$

$$= \frac{f(x)\displaystyle\int_0^x (x-t)f(t)\mathrm{d}t}{\left[\displaystyle\int_0^x f(t)\mathrm{d}t\right]^2}.$$

当 $x>0$ 时,由 $x>t>0$ 与 $f(t)>0$ 可知分式分子大于 0,从而 $F'(x)>0$;

当 $x<0$ 时,由 $x<t<0$ 与 $(t-x)f(t)>0$ 可知

$$\int_0^x (x-t)f(t)\mathrm{d}t = \int_x^0 (t-x)f(t)\mathrm{d}t > 0,$$

即 $F'(x)>0$ 同样成立.故由定理 2.10 可知 $F(x)$ 在整个数轴上严格单调递增. □

例 3.4 若 $f(x)$ 在 $[a,b]$ 上连续,在 (a,b) 内非负,且 $\int_a^b f(x)\mathrm{d}x = 0$,则 $f(x)\equiv 0, x\in[a,b]$.

本例通常利用函数的连续性与定积分的不等式性质,采用反证法进行证明,现在我们利用定理 3.6 给出另一种证明方法.

证明 由定理 3.6 可知上限函数 $F(x) = \int_a^x f(x)\mathrm{d}x$ 在 $[a,b]$ 上连续,在 (a,b) 内可导,且 $F'(x)=f(x)\geqslant 0$,从而 $F(x)$ 在 $[a,b]$ 上单调递增.再由

$$0=F(a)\leqslant F(x)\leqslant F(b)=0, x\in[a,b]$$

可知,$F(x)$ 是 $[a,b]$ 上的常函数 0,从而 $F'(x)\equiv 0, x\in(a,b)$.再次利用 $f(x)=F'(x), x\in(a,b)$ 与 $f(x)$ 在两个端点的连续性可知 $f(x)\equiv 0, x\in[a,b]$. □

例 3.5 设 $f(x)$ 是 $(-\infty,+\infty)$ 上以 $T(>0)$ 为周期的连续函数,证明:对于任意的 $a\in(-\infty,+\infty)$,积分 $\int_a^{a+T} f(x)\mathrm{d}x$ 恒为常数.

本例我们将给出常规证法与上限函数证法两种证明方法,通过对照说明后者的长处所在.

证明 1.常规证法

对于任意实数 $a\in\mathbf{R}$,取整数 $k\in\mathbf{Z}$ 使 $(k-1)T\leqslant a<kT$.由公式 (3.16),有

$$\int_a^{a+T} f(x)\mathrm{d}x = \int_a^{kT} f(x)\mathrm{d}x + \int_{kT}^{a+T} f(x)\mathrm{d}x.$$

对积分 $\displaystyle\int_{kT}^{a+T} f(x)\mathrm{d}x$ 用 $u = x - T$ 换元,得

$$\int_{kT}^{a+T} f(x)\mathrm{d}x = \int_{(k-1)T}^{a} f(u+T)\mathrm{d}u = \int_{(k-1)T}^{a} f(u)\mathrm{d}u = \int_{(k-1)T}^{a} f(x)\mathrm{d}x.$$

于是

$$\int_{a}^{a+T} f(x)\mathrm{d}x = \int_{a}^{kT} f(x)\mathrm{d}x + \int_{(k-1)T}^{a} f(x)\mathrm{d}x = \int_{(k-1)T}^{kT} f(x)\mathrm{d}x.$$

再进行换元 $u = x - (k-1)T$,得

$$\int_{a}^{a+T} f(x)\mathrm{d}x = \int_{0}^{T} f(u+(k-1)T)\mathrm{d}u$$

$$= \int_{0}^{T} f(u)\mathrm{d}u = \int_{0}^{T} f(x)\mathrm{d}x,$$

即 $\displaystyle\int_{a}^{a+T} f(x)\mathrm{d}x$ 是一个与 a 无关的常数 $\displaystyle\int_{0}^{T} f(x)\mathrm{d}x$.

2. 上限函数证法

设 $\varphi(a) = \displaystyle\int_{a}^{a+T} f(x)\mathrm{d}x$. 由(3.16)式可知

$$\varphi(a) = \int_{a}^{0} f(x)\mathrm{d}x + \int_{0}^{a+T} f(x)\mathrm{d}x = \int_{0}^{a+T} f(x)\mathrm{d}x - \int_{0}^{a} f(x)\mathrm{d}x.$$

利用定理 3.6 中公式(3.22)与 $f(x)$ 的周期性可知

$$\frac{\mathrm{d}}{\mathrm{d}a}\varphi(a) = f(a+T) - f(a) \equiv 0, a \in (-\infty, +\infty),$$

从而 $\varphi(a)$ 恒取常数 $\varphi(0) = \displaystyle\int_{0}^{T} f(x)\mathrm{d}x$. $\square$

定理 3.7(微积分学基本定理)[2]   设 $f(x)$ 在 $[a,b]$ 上连续,$F(x)$ 是 $f(x)$ 的一个原函数,则有**牛顿-莱布尼兹公式**

$$\int_{a}^{b} f(x)\mathrm{d}x = F(x)\Big|_{a}^{b} = F(b) - F(a). \tag{3.23}$$

证明   由定理 3.6 可知这时上限函数 $G(x) = \displaystyle\int_{a}^{x} f(t)\mathrm{d}t$ 也是 $f(x)$ 的一个原函数. 于是由定理 3.1 或定理 2.7 可知,存在某常数 C 使

$$G(x) = \int_a^x f(t)\,dt = F(x) + C, x \in [a, b].$$

取 $x = a$, 由(3.14)式可知

$$0 = G(a) = \int_a^a f(t)\,dt = F(a) + C,$$

即 $C = -F(a)$, 于是

$$\int_a^x f(t)\,dt = F(x) - F(a).$$

再取 $x = b$, 即得牛顿-莱布尼兹公式(3.23). □

由定义我们知道, 不定积分基本上是求导过程的逆运算, 而定积分是一种部分和的极限. 在微积分学基本定理被发现之前, 不定积分与定积分是两门互不相干的独立学问. 直到数学大师牛顿与莱布尼兹分别独立地发现了二者之间由公式(3.23)给出的本质联系之后, 微积分学才作为一门完整的学问诞生. 定理3.7是整个微积分学中被冠以"基本"二字的唯一定理. 如果说微积分学是现代科技的基石与助产师的话, 牛顿-莱布尼兹公式就是微积分学的灵魂, 其对人类进步的重要意义怎么高估都不过分.

下面给出如何在初等数学中使用微积分学基本定理的几个例子.

例 3.6　如图3.3, 计算由曲线 $y = \sqrt{x}$、直线 $x = 2$ 与 x 轴所围图形的面积.

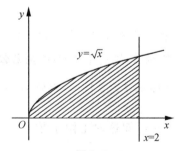

图 3.3

解　由定积分的几何意义可知

$$S = \int_0^2 \sqrt{x} \, \mathrm{d}x = \int_0^2 x^{\frac{1}{2}} \, \mathrm{d}x.$$

通过不定积分可知 $\dfrac{2}{3} x^{\frac{3}{2}}$ 是 $x^{\frac{1}{2}}$ 的一个原函数,故由牛顿-莱布尼兹公式可得

$$S = \frac{2}{3} x^{\frac{3}{2}} \Big|_0^2 = \frac{2}{3} (2^{\frac{3}{2}} - 0^{\frac{3}{2}}) = \frac{4\sqrt{2}}{3}.$$

例 3.7 如图 3.4,计算由曲线 $y = \sqrt{2x}$、直线 $y = x - 4$ 与 x 轴所围图形的面积.

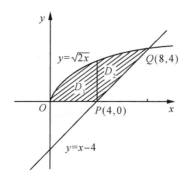

图 3.4

解 通过解方程不难得到直线 $y = x - 4$ 与 x 轴的交点是 $P(4,0)$,与抛物线 $y = \sqrt{2x}$ 在第一象限的交点是 $Q(8,4)$. 所求面积图形被 $x = 4$ 分成两块. 于是由定积分的几何意义可知

$$S = S_1 + S_2 = \int_0^4 \sqrt{2x} \, \mathrm{d}x + \left[\int_4^8 (\sqrt{2x}) \, \mathrm{d}x - \int_4^8 (x-4) \, \mathrm{d}x \right]$$

$$= \int_0^8 \sqrt{2x} \, \mathrm{d}x + \int_4^8 (4 - x) \, \mathrm{d}x$$

$$= \frac{2\sqrt{2}}{3} x^{\frac{3}{2}} \Big|_0^8 + \left(4x - \frac{1}{2} x^2 \right) \Big|_4^8 = \frac{40}{3}.$$

不定积分的分部积分公式(3.8)通过牛顿-莱布尼兹公式可以转化为定积分的分部积分公式:

$$\int_a^b u(x) v'(x) \, \mathrm{d}x = u(x) v(x) \Big|_a^b - \int_a^b u'(x) v(x) \, \mathrm{d}x. \quad (3.24)$$

同样,不定积分的换元积分公式(3.9)也就转化成了定积分的换元积分公式:

$$\int_a^b f(\varphi(x))\varphi'(x)\mathrm{d}x = \int_a^b f(\varphi(x))\mathrm{d}\varphi(x) = \int_{\varphi(a)}^{\varphi(b)} f(u)\mathrm{d}u$$

$$= F(u)\Big|_{\varphi(a)}^{\varphi(b)} = F(\varphi(b)) - F(\varphi(a)). \quad (3.25)$$

这里 $F(x)$ 是 $f(x)$ 的一个原函数. 值得注意的是,在对定积分使用 $u=\varphi(x)$ 进行换元时,要将原积分上、下限 b,a 用新变量 u 的相应值 $\varphi(b),\varphi(a)$ 来替换. 这种在换元的同时进行换限的好处是"一往直前",省去了"换元求不定积分—变量回代求原函数—代原上、下限得定积分"解法中的"变量回代"的过程.

例 3.8 用定积分证明椭圆 $\dfrac{x^2}{a^2} + \dfrac{y^2}{b^2} = 1$ 所围面积是

$$S = ab\pi. \quad (3.26)$$

当 $a=b=R$ 时,便得半径为 R 的圆的面积公式

$$S = \pi R^2. \quad (3.27)$$

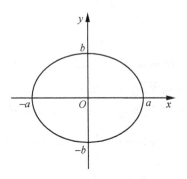

图 3.5

证明 如图 3.5,由于位于第一象限的四分之一椭圆面由两坐标轴与曲线 $y = b\sqrt{1 - \dfrac{x^2}{a^2}}$ 所围,故由定积分的几何意义可得

$$S = 4\int_0^a b\sqrt{1 - \dfrac{x^2}{a^2}}\,\mathrm{d}x.$$

令 $x = a\sin\theta$ 或 $\theta = \arcsin\dfrac{x}{a}$，则 $\mathrm{d}x = a\cos\theta\mathrm{d}\theta$. 由 $\arcsin\dfrac{0}{a} = 0$，

$\arcsin\dfrac{a}{a} = \dfrac{\pi}{2}$，在换元的同时更换积分的上、下限，得

$$S = 4ab\int_0^{\frac{\pi}{2}}\cos^2\theta\mathrm{d}\theta = 4ab\int_0^{\frac{\pi}{2}}\frac{1+\cos2\theta}{2}\mathrm{d}\theta$$

$$= 2ab\left(\theta + \frac{1}{2}\sin2\theta\right)\Big|_0^{\frac{\pi}{2}} = ab\pi. \quad \square$$

中学生甚至许多小学生已经知道圆的面积公式是 $S = \pi R^2$，但不知道是怎么推导出来的. 由刚才的推导可看出，借助积分工具可以给出这类公式的推导，这是数学分析对于初等数学的指导意义所在. 当然中小学生可以只记公式，不问出处，但是作为教师不能不知其所以然. 我们后面将通过定积分与重积分给出更多这类公式的推导与证明.

下面是一个利用定积分的定义与牛顿-莱布尼兹公式计算极限的例子.

例 3.9 设 $p > 0$，计算极限

$$\lim_{n\to\infty}\frac{1^p + 2^p + \cdots + n^p}{n^{p+1}}.$$

解 被求极限表达式可以改写成

$$\frac{1^p + 2^p + \cdots + n^p}{n^{p+1}} = \sum_{i=1}^{n}\left(\frac{i}{n}\right)^p \cdot \frac{1}{n}.$$

现在 $\dfrac{i}{n}$ 相当于将区间 $[0,1]$ 进行 n 等分后第 i 个小区间的右端点，$\dfrac{1}{n}$ 是小区间的长度. 于是对于函数 $f(x) = x^p$，$x \in [0,1]$，以上表达式是由相应的分割 T 与取点法 $\xi_i = \dfrac{i}{n}$ 产生的部分和，即

$$\frac{1^p + 2^p + \cdots + n^p}{n^{p+1}} = \sum_{i=1}^{n}\left(\frac{i}{n}\right)^p \cdot \frac{1}{n} = \sum_{i=1}^{n}f(\xi_i)\Delta x_i.$$

注意到 $n \to \infty$ 等价于 $\|T\| = \dfrac{1}{n} \to 0$，于是由定积分的定义可知所求

极限就是函数 $f(x)=x^p$ 在 $[0,1]$ 上的定积分,即

$$\lim_{n\to\infty}\frac{1^p+2^p+\cdots+n^p}{n^{p+1}}=\int_0^1 x^p \,\mathrm{d}x.$$

最后由牛顿-莱布尼兹公式(3.23)可知

$$\lim_{n\to\infty}\frac{1^p+2^p+\cdots+n^p}{n^{p+1}}=\int_0^1 x^p \,\mathrm{d}x=\frac{x^{p+1}}{p+1}\Big|_0^1=\frac{1}{p+1}.$$

❋ 3.2.3 重积分

在本节第一部分,我们以曲边梯形的面积计算为例,通过"分割、取点、求和、取极限"的"四步法"引进了一元函数定积分的概念. 现在我们将以曲顶柱体的体积计算为例,同样使用"四步法"引进二元,甚至多元函数重积分的概念.

例 3.10(曲顶柱体的体积) 设 $z=f(x,y)$ 是定义在有界闭区域 D 上的非负连续函数. 求以曲面 $z=f(x,y)$ 为顶,以 D 为底,以由 D 的边界为准线的平行于 z 轴的柱面为侧面的曲顶柱体

$$G=\{(x,y,z)\in\mathbf{R}^3 \mid 0\leqslant z\leqslant f(x,y),(x,y)\in D\}$$

的体积 V.

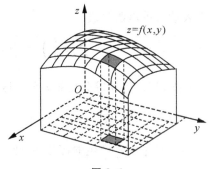

图 3.6

如图 3.6,采用类似于曲边梯形面积的求法来讨论. 先用两组平行于坐标轴的直线把区域 D 分割成 n 个小区域 σ_i,用 $\Delta\sigma_i$ 表示小区域 σ_i 的面积,用 T 表示这种分割. 这个直线网也相应地把曲顶柱体

分割成 n 个以 σ_i 为底的细曲顶柱体 $G_i(i=1,2,\cdots,n)$. 由于 $f(x)$ 在 D 上连续,故当每个 σ_i 的直径都很小时,在 σ_i 上各点的函数值都相差无几. 因而可在 σ_i 上任取一点 (ξ_i,η_i),用以 $f(\xi_i,\eta_i)$ 为高、σ_i 为底的小平顶柱体的体积 $f(\xi_i,\eta_i)\Delta\sigma_i$ 作为 G_i 的体积 V_i 的近似值,即

$$V_i\approx f(\xi_i,\eta_i)\Delta\sigma_i,i=1,2,\cdots,n.$$

把这些小平顶柱体的体积加起来,就得到曲顶柱体体积 V 的近似值

$$V\approx\sum_{i=1}^{n}f(\xi_i,\eta_i)\Delta\sigma_i .$$

当直线网 T 的网眼越来越细密,即分割 T 的细度 $\|T\|=\max\{d_i\}$ (d_i 为 σ_i 的直径)趋于零时,就有

$$V=\lim_{\|T\|\to 0}\sum_{i=1}^{n}f(\xi_i,\eta_i)\Delta\sigma_i .$$

定义 3.3 设 D 为 xOy 平面上可求面积的有界闭区域,$z=f(x,y)$ 为定义在 D 上的有界函数,J 是常数. 将 D 任意分成 n 个可求面积的小区域 σ_i,用 $\Delta\sigma_i$ 表示小区域 σ_i 的面积,用 d_i 表示 σ_i 的直径. 这些小区域构成 D 的一个**分割** T,称 $\|T\|=\max\{d_i\}$ 为分割 T 的**细度**. 在每个 σ_i 上任取一点 (ξ_i,η_i),作和式

$$\sum_{i=1}^{n}f(\xi_i,\eta_i)\Delta\sigma_i.$$

若对任意给定的正数 $\varepsilon>0$,存在正数 $\delta>0$,使对 D 的任何分割 T 与取点法 $(\xi_i,\eta_i)\in\sigma_i$,当 $\|T\|<\delta$ 时总有

$$\left|\sum_{i=1}^{n}f(\xi_i,\eta_i)\Delta\sigma_i-J\right|<\varepsilon ,$$

即

$$\lim_{\|T\|\to 0}\sum_{i=1}^{n}f(\xi_i,\eta_i)\Delta\sigma_i=J,$$

则称 $f(x,y)$ **在** D **上可积**,称 J 为函数 $f(x,y)$ 在 D 上的**二重积分**,记为

$$J=\iint\limits_{D}f(x,y)\mathrm{d}\sigma. \tag{3.28}$$

其中称 $f(x,y)$ 为**被积函数**，x,y 为**积分变量**，D 为**积分区域**.

若将区域 D 用平行于坐标轴的两组直线去分割，则横、竖宽度分别是 $\mathrm{d}x$ 与 $\mathrm{d}y$ 的网眼的面积微分正好就是 $\mathrm{d}\sigma = \mathrm{d}x\mathrm{d}y$，故二重积分 (3.28) 常被写成

$$\iint\limits_{D} f(x,y)\mathrm{d}\sigma = \iint\limits_{D} f(x,y)\mathrm{d}x\mathrm{d}y.$$

与定积分相仿，二重积分的几何意义是由曲面 $z=f(x,y)$、xOy 平面以及由 D 的边界确定的平行于 z 轴的柱面所围立体位于 xOy 平面上、下两部分的体积的代数和. 二重积分具有与定积分相似的许多性质，如连续函数一定可积等，这里不再赘述. 与定积分相似，二重积分的定义也采用了分割、取点、求和与取极限的"四步法". 推而广之，使用这种方法同样可以定义三重甚至 n 重积分.

除连续函数可积外，定积分的其他许多性质同样可以过渡到二重甚至 n 重积分. 例如，换元积分在二重积分中同样适用. 值得注意的是，对二重积分来说，换元以后还要在被积函数后乘上一个适当的面积微分因子[1~3]. 例如，在使用

$$\begin{cases} x = x(u,v), \\ y = y(u,v), \end{cases} (u,v) \in D'$$

进行换元的过程中，称行列式

$$J(u,v) = \frac{\partial(x,y)}{\partial(u,v)} = \begin{vmatrix} \dfrac{\partial x}{\partial u} & \dfrac{\partial x}{\partial v} \\[2mm] \dfrac{\partial y}{\partial u} & \dfrac{\partial y}{\partial v} \end{vmatrix}$$

为变换的**雅可比行列式**，这时

$$\iint\limits_{D} f(x,y)\mathrm{d}x\mathrm{d}y = \iint\limits_{D'} f(x(u,v),y(u,v))|J(u,v)|\mathrm{d}u\mathrm{d}v. \tag{3.29}$$

有关等式 $\mathrm{d}x\mathrm{d}y = |J(u,v)|\mathrm{d}u\mathrm{d}v$ 中面积微分因子 $|J(u,v)|$ 的问题，我们将在 3.4.3 中配合空间曲面面积的计算给予详细推导. 对应用最为广泛的极坐标变换

$$\begin{cases} x = r\cos\theta, \\ y = r\sin\theta, \end{cases} (r,\theta) \in D'$$

来说,

$$J(r,\theta) = \begin{vmatrix} \cos\theta & -r\sin\theta \\ \sin\theta & r\cos\theta \end{vmatrix} = r,$$

$$\iint\limits_{D} f(x,y)\mathrm{d}x\mathrm{d}y = \iint\limits_{D'} f(r\cos\theta, r\sin\theta) r\mathrm{d}r\mathrm{d}\theta. \tag{3.30}$$

§3.3 定积分的微分元素法及其应用

✲ 3.3.1 微分元素法

在实际应用中,可以通过微分元素法将有些计算对象化为定积分或重积分进行计算.微分元素法既是一种计算方法,更是一种思维模式,蕴涵了微积分的思想精髓.

定积分的微分元素法 若一个计算问题满足以下条件:

(1) 所求对象 A 与一维区间 $[a,b]$ 有关;

(2) A 对 $[a,b]$ 具有**可加性**,即对于 $[a,b]$ 的任何一种分割

$$T: a = x_0 < x_1 < x_2 < \cdots < x_n = b,$$

对应地有 A 的分割 $\Delta A_1, \Delta A_2, \cdots, \Delta A_n$ 使

$$A = \sum_{i=1}^{n} \Delta A_i; \tag{3.31}$$

(3) 对于任意的 $x \in [a,b]$ 与 x 的改变量 $\mathrm{d}x > 0$,可以找到对应于区间 $[x, x+\mathrm{d}x]$ 的 A 的部分量 ΔA 的微分表示

$$\Delta A \approx \mathrm{d}A = f(x)\mathrm{d}x, \tag{3.32}$$

其中 $f(x)$ 是 $[a,b]$ 上的连续函数.

则 A 可以表示为定积分

$$A = \int_a^b f(x) \mathrm{d}x, \qquad (3.33)$$

其中 $\mathrm{d}A = f(x)\mathrm{d}x$ 称为 A 的**微分元素**.

粗略地看,这时由 $f(x)$ 的连续性可知积分 $\int_a^b f(x)\mathrm{d}x$ 收敛;由等式(3.31),(3.32)与定积分的定义可知,此定积分收敛到 A,即等式(3.33)成立.

下面分四部分介绍微分元素法在初等数学中的应用.

❀ 3.3.2 平面图形的面积

设 $f_1(x) \leqslant f_2(x), x \in [a,b]$. 称由曲线 $y = f_2(x), y = f_1(x)$ 以及直线 $x = a, x = b$ 所围的平面图形(图 3.7)

$$G = \{(x,y) \mid f_1(x) \leqslant y \leqslant f_2(x), x \in [a,b]\}$$

是 x-型区域.

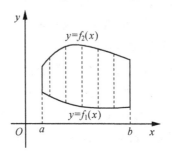

图 3.7

显然 G 的面积 S 符合微分元素法的前两个条件. 对于任意的 $x \in [a,b]$ 与改变量 $\mathrm{d}x > 0$,当 $\mathrm{d}x > 0$ 很小时,对应于区间 $[x, x+\mathrm{d}x]$ 的面积 S 的改变量 ΔS 近似于宽为 $\mathrm{d}x$、高为 $f_2(x) - f_1(x)$ 的矩形的面积,即有

$$\Delta S \approx \mathrm{d}S = [f_2(x) - f_1(x)]\mathrm{d}x.$$

于是由微分元素法可知

$$S = \int_a^b [f_2(x) - f_1(x)] \, dx.$$

一般地,若不提前假定 $f_1(x) \leqslant f_2(x), x \in [a,b]$,则相应的面积微分应为

$$dS = |f_2(x) - f_1(x)| \, dx.$$

由曲线 $y = f_2(x), y = f_1(x)$ 与直线 $x = a, x = b$ 所围平面图形的面积为

$$S = \int_a^b |f_2(x) - f_1(x)| \, dx. \tag{3.34}$$

同样地,y-型区域

$$G = \{(x,y) \mid g_1(y) \leqslant x \leqslant g_2(y), y \in [c,d]\}$$

的面积是

$$S = \int_c^d [g_2(y) - g_1(y)] \, dy.$$

若不提前假定 $g_1(y) \leqslant g_2(y), y \in [c,d]$,则由曲线 $x = g_2(y), x = g_1(y)$ 与直线 $y = c, y = d$ 所围平面图形的面积为

$$S = \int_c^d |g_2(y) - g_1(y)| \, dy. \tag{3.35}$$

对于既非 x-型又非 y-型的区域 G,可以将其分割成若干个 x-型或 y-型的小区域之并再计算其面积.

例 3.11 求由曲线 $y = x^2$ 与 $y^2 = x$ 所围图形的面积.

解 联立 $y = x^2$ 与 $y^2 = x$,解得曲线的交点是 $(0,0)$ 与 $(1,1)$. 如图 3.8,将图形看作 x-型区域,则

$$S = \int_0^1 (\sqrt{x} - x^2) \, dx = \left(\frac{2}{3} x^{\frac{3}{2}} - \frac{1}{3} x^3 \right) \Big|_0^1 = \frac{1}{3}.$$

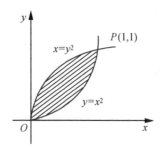

图 3.8

例 3.12 求由抛物线 $y^2 = x$ 与直线 $x - 2y - 3 = 0$ 所围平面图形的面积.

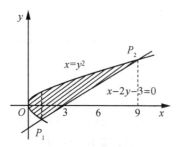

图 3.9

解 如图 3.9,将区域看作 y-型比较合理.联立 $y^2 = x$ 与 $x - 2y - 3 = 0$,解得曲线与直线的交点是 $P_1(1, -1)$ 与 $P_2(9, 3)$. 于是区域的 y-型表示为

$$G = \{(x, y) \mid y^2 \leqslant x \leqslant 2y + 3, y \in [-1, 3]\}.$$

由公式(3.35),得

$$S = \int_{-1}^{3} (2y + 3 - y^2) \mathrm{d}y = \left(y^2 + 3y - \frac{1}{3}y^3 \right) \Big|_{-1}^{3} = \frac{32}{3}.$$

当然也可用直线 $x = 1$ 将图形分成两个 x-型区域 G_1 和 G_2 进行计算:

$$S = S_1 + S_2 = \int_0^1 [\sqrt{x} - (-\sqrt{x})] \mathrm{d}x + \int_1^9 \left(\sqrt{x} - \frac{x-3}{2} \right) \mathrm{d}x = \frac{32}{3}.$$

前一种算法显然比第二种简洁.

例 3.13 如图 3.10,在曲线 $y = x^2 (x \geqslant 0)$ 上找一点 P,使曲线与

其在该点的切线及 x 轴所围区域的面积为$\frac{1}{12}$.

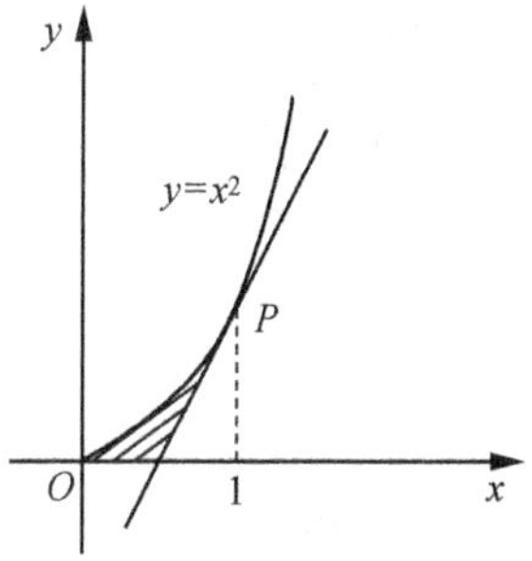

图 3.10

解　设切点为 $P(x_0, x_0^2)$，则切线方程为

$$y=x_0^2+2x_0(x-x_0),$$

即

$$x=\frac{y}{2x_0}+\frac{x_0}{2}.$$

将区域看成 y-型，则

$$\frac{1}{12}=S=\int_0^{x_0^2}\left(\frac{y}{2x_0}+\frac{x_0}{2}-\sqrt{y}\right)\mathrm{d}y=\frac{x_0^3}{12},$$

从而 $x_0=1$，切点为 $P(1,1)$，切线方程为 $y=2x-1$.

✲ 3.3.3　平行截面面积已知的立体体积

与平面图形的面积计算相似，利用微分元素法也可计算一类平行截面面积已知的立体的体积，特别是旋转体的体积. 让我们在三维立体空间中进行想象与思维.

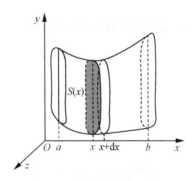

图 3.11

如图 3.11,设一几何体夹在两个平行平面 $x=a$ 与 $x=b(a<b)$ 之间. 用垂直于 x 轴的平面去截该几何体,设截面与 x 轴的交点坐标为 x,所得截痕的面积为 $S(x)$,且 $S(x)$ 是 $[a,b]$ 上的连续函数. 对应于区间 $[x,x+\mathrm{d}x]$ 的立体体积 ΔV 近似于以 $S(x)$ 为底面面积、高为 $\mathrm{d}x$ 的柱体体积,即

$$\Delta V \approx \mathrm{d}V = S(x)\mathrm{d}x,$$

故由微分元素法可知该几何体的体积是

$$V = \int_a^b S(x)\mathrm{d}x. \tag{3.36}$$

特别地,当立体是由 xOy 平面上的曲线 $y=f(x), x\in[a,b]$,x 轴与直线 $x=a, x=b$ 所围的平面图形绕 x 轴旋转一周所成的旋转体时,由于对应于 x 的截痕是半径为 $|f(x)|$ 的圆,故由 $S(x)=\pi f^2(x)$ 可得该旋转体的体积是

$$V = \pi \int_a^b f^2(x)\mathrm{d}x. \tag{3.37}$$

同理,由 xOy 平面上的曲线 $x=g(y), y\in[c,d]$ 绕 y 轴旋转一周所得旋转体的体积是

$$V = \pi \int_c^d g^2(y)\mathrm{d}y. \tag{3.38}$$

例 3.14 求底面积为 S、高为 h 的斜柱体的体积 V.

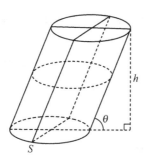

图 3.12

解　如图 3.12,将斜柱体想象为斜立在 xOy 平面上. 于是对于任意的 $z\in[0,h]$,用过点 $(0,0,z)$、平行于 xOy 坐标面的平面去截斜柱体,所得截面的面积恒为 S. 故由公式(3.36)得

$$V = \int_0^h S\mathrm{d}z = Sh.$$

这个结果说明斜柱体与相应正柱体的体积相同,即柱体体积由底面面积与高唯一确定,而与柱体的倾斜程度无关.

例 3.15　求抛物线 $y = 2x^2, 0\leqslant x\leqslant 1$ 分别绕 x 轴和 y 轴旋转一周所成旋转体的体积.

解　由公式(3.37),曲线绕 x 轴旋转所成旋转体的体积是

$$V_x = \pi\int_0^1 y^2(x)\mathrm{d}x = \pi\int_0^1 4x^4\mathrm{d}x = \frac{4}{5}\pi;$$

由公式(3.38),曲线绕 y 轴旋转所成旋转体的体积是

$$V_y = \pi\int_0^2 x^2(y)\mathrm{d}y = \pi\int_0^2 \frac{y}{2}\mathrm{d}y = \pi.$$

例 3.16　求半径为 r、高为 h 的圆锥体的体积 V.

解　此圆锥体可以看成由 xOy 平面上曲线 $y = \dfrac{r}{h}x, x\in[0,h]$ 绕 x 轴旋转一周所成的立体. 于是由公式(3.37)得

$$V = \pi\int_0^h \frac{r^2}{h^2}x^2\mathrm{d}x = \frac{1}{3}r^2 h\pi. \tag{3.39}$$

由(3.39)式可知,锥体体积是相应柱体体积的 $\dfrac{1}{3}$. 中学老师通过

用柱形杯与锥形杯量水或沙给学生演示过这个结论,但其内在原理只有通过微积分才能说清. 虽然一般教师未必将这类原理的推导教给学生,但在要求学生记住公式的同时,如果教师能对公式的来龙去脉给予前瞻性简介,可以大大激发学生的学习兴趣与钻研精神. 这也是作者编写本书的目的之一.

✳ 3.3.4 曲线的弧长

下面我们用微分元素法计算曲线的长度.

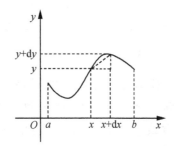

图 3.13

设平面曲线 C 的参数表示为

$$\begin{cases} x = \varphi(t), \\ y = \psi(t), \end{cases} t \in [\alpha, \beta],$$

其中 $\varphi(t)$ 与 $\psi(t)$ 连续可导,且 $\varphi'^2(t) + \psi'^2(t) > 0, t \in [\alpha, \beta]$. 这样的曲线称为**光滑曲线**,如图 3.13.

显然这时曲线的长度 L 对于区间 $[\alpha, \beta]$ 可加,且对任意的 $t \in [\alpha, \beta]$ 与小区间 $[t, t+dt] \subset [\alpha, \beta]$,相应的弧长

$$\Delta L \approx dL = \sqrt{(dx)^2 + (dy)^2} = \sqrt{\varphi'^2(t) + \psi'^2(t)} dt.$$

故由微分元素法可知曲线总长为

$$L = \int_\alpha^\beta \sqrt{\varphi'^2(t) + \psi'^2(t)} dt. \tag{3.40}$$

同样,对于空间光滑曲线

$$\begin{cases} x=\varphi(t), \\ y=\psi(t), t\in[\alpha,\beta], \\ z=\omega(t), \end{cases}$$

曲线总长为

$$L=\int_\alpha^\beta \sqrt{\varphi'^2(t)+\psi'^2(t)+\omega'^2(t)}\,\mathrm{d}t. \qquad (3.41)$$

若平面光滑曲线 C 被表达成了直角坐标形式

$$y=f(x),x\in[a,b],$$

则 C 也有参数表示

$$\begin{cases} x=x, \\ y=f(x), \end{cases} x\in[a,b],$$

故由公式(3.40)可知这时

$$L=\int_a^b \sqrt{1+f'^2(x)}\,\mathrm{d}x. \qquad (3.42)$$

例 3.17 证明:圆 $x^2+y^2=r^2$ 的周长是 $2\pi r$.

证明 由对称性可知所求周长是第一象限部分长度的 4 倍. 在第一象限中圆的参数方程是

$$\begin{cases} x=r\cos\theta, \\ y=r\sin\theta, \end{cases} \theta\in\left[0,\frac{\pi}{2}\right],$$

故由公式(3.40)得圆的周长

$$L=4\int_0^{\frac{\pi}{2}} \sqrt{r^2\sin^2\theta+r^2\cos^2\theta}\,\mathrm{d}\theta=4\int_0^{\frac{\pi}{2}} r\mathrm{d}\theta=2\pi r. \qquad (3.43)$$

例 3.18 用定积分表示椭圆 $\dfrac{x^2}{a^2}+\dfrac{y^2}{b^2}=1$ 的周长,其中 $0<b<a$.

解 椭圆的参数方程是

$$\begin{cases} x=a\cos\theta, \\ y=b\sin\theta, \end{cases} \theta\in[0,2\pi].$$

由对称性与公式(3.40)得椭圆的周长

$$L=4\int_0^{\frac{\pi}{2}} \sqrt{a^2\sin^2\theta+b^2\cos^2\theta}\,\mathrm{d}\theta=4a\int_0^{\frac{\pi}{2}} \sqrt{1-\frac{a^2-b^2}{a^2}\cos^2\theta}\,\mathrm{d}\theta.$$

注意 $c=\sqrt{a^2-b^2}$ 是半焦距,$e=\dfrac{c}{a}$ 是离心率,于是椭圆的周长可表示为定积分

$$L = 4a\int_0^{\frac{\pi}{2}}\sqrt{1-e^2\cos^2\theta}\,\mathrm{d}\theta. \tag{3.44}$$

若用 $\theta=\dfrac{\pi}{2}-\varphi$ 进行换元,则得椭圆周长的另一种积分表示

$$L = 4a\int_0^{\frac{\pi}{2}}\sqrt{1-e^2\sin^2\varphi}\,\mathrm{d}\varphi. \tag{3.45}$$

当 $a=b$ 或离心率 $e=0$ 时,椭圆变成圆.这时由公式(3.44)或(3.45)再次得到圆的周长公式 $L=2\pi a$.当 $0<b<a$ 或离心率 $e>0$ 时,真椭圆周长的积分表示(3.44)与(3.45)中被积函数的原函数无法用初等函数表达,故无法通过牛顿-莱布尼兹公式给出真椭圆周长的初等计算公式 $L=L(a,b)$.

形如(3.44)与(3.45)的积分被称为(**第二类**)**椭圆积分**.这类积分不仅与椭圆弧长有关,而且具有许多更加重要的理论意义与应用价值[21~22].为了使用方便,数学家们为我们编制了椭圆积分表,对于具体的 a,b,通过查表便可得到相应椭圆周长的近似值.

❋ 3.3.5　微分元素法在物理学中的应用

同在数学中一样,作为一种思维模式,微分元素法在物理、化学等许多学科中均有广泛应用.下面给出两个应用微分元素法解决中学物理问题的例子.

例 3.19　一圆柱形水桶内高 5m,底面内径为 3m,桶内盛满水.问将桶内的水从上沿全部吸出需做多少功?

解　如图 3.14,建立坐标系.在区间 $(0,5)$ 内任取一点 x 与改变量 $\mathrm{d}x>0$,则相应的高为 $\mathrm{d}x$ 的水柱的体积为 $\Delta V=9\pi\mathrm{d}x(\mathrm{m}^3)$,相应的重力为 $\Delta F=1000\Delta V(\mathrm{kg})$,克服 ΔF 需做功的微分元素为

$$\mathrm{d}W = x\Delta F = 1000\cdot 9x\pi\mathrm{d}x,$$

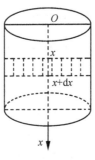

图 3.14

故将桶内的水全部吸出需做功

$$W = \int_0^5 1000 \cdot 9x\pi \, dx \approx 353430 (\text{kg} \cdot \text{m}).$$

例 3.20 在用铁锤将铁钉击入木板的过程中,假设第一锤铁钉被击入 1cm. 如果铁钉在被击入过程中所受阻力与其进入木板的深度成正比,且铁锤每次击打所做的功相等,问第二锤铁钉被击入多少厘米?

解 设击完第二锤后钉尖的深度为 a_2,再设铁钉进入木板的深度为 x 时所受阻力为 $f(x)$,则 $f(x) = kx$,其中 $k > 0$ 是常数. 对于任意的 $x > 0$ 与 $dx > 0$,铁钉被从 x 击入到 $x + dx$ 所做的功是

$$\Delta W \approx dW = f(x)dx = kx \, dx.$$

于是第一锤把铁钉击入木板 1cm 所做的功为

$$W = \int_0^1 kx \, dx = \frac{k}{2}.$$

由于第二锤与第一锤所做的功相等,故有

$$W = \int_1^{a_2} kx \, dx = \frac{k}{2}(a_2^2 - 1) = \frac{k}{2},$$

从而 $a_2 = \sqrt{2}$,即第二锤铁钉被击入 $a_2 - 1 = (\sqrt{2} - 1)\text{cm}$.

在完成题目解答后,让我们将讨论再深入一步. 设击完第 n 锤后钉尖的深度为 a_n,则由

$$\int_{a_2}^{a_3} kx \, dx = \frac{k}{2}(a_3^2 - a_2^2) = \frac{k}{2}(a_3^2 - 2) = \frac{k}{2}$$

得 $a_3=\sqrt{3}$，即第三锤击入 $(\sqrt{3}-\sqrt{2})$cm. 应用归纳法不难看出击完第 n 锤后钉尖的深度为 $a_n=\sqrt{n}$，即第 n 锤击入 $(\sqrt{n}-\sqrt{n-1})$cm. 由于

$$\sqrt{n}-\sqrt{n-1}=\frac{1}{\sqrt{n}+\sqrt{n-1}}$$

是递减数列，故每次击入的深度越来越少，符合我们的常识. 再由击完第 n 锤后钉尖的深度 $a_n=\sqrt{n}\to\infty$ 可知，按照现在的假设，如果钉子足够长的话，任何厚度的板子总能被钉穿. 但是常识告诉我们事实并非如此，其原因可能是"铁钉所受阻力与其进入木板的深度成正比"的假设出了问题，在钉子进入木板较深后阻力与深度的关系并非如此简单.

§3.4 二重积分的计算及其应用

本节第一部分介绍如何利用定积分的微分元素法化二重积分为累次积分，第二部分讨论二重积分的微分元素法及其应用.

❈ 3.4.1 利用定积分的微分元素法化二重积分为累次积分

设 $z=f(x,y)$ 是定义在有界闭区域 D 上的连续函数. 先设 D 是 x-型区域

$$D=\{(x,y)\,|\,\varphi_1(x)\leqslant y\leqslant\varphi_2(x),x\in[a,b]\},$$

这里 $\varphi_1(x),\varphi_2(x)$ 均是 $[a,b]$ 上的连续函数. 不妨设 $f(x,y)$ 在 D 上非负，于是二重积分 $\iint\limits_{D}f(x,y)\mathrm{d}x\mathrm{d}y$ 就是相应曲顶柱体 G 的体积 V，如图 3.15.

对于任意的 $x\in[a,b]$，过 $(x,0,0)$ 点，用平行于 yOz 平面的面去

截曲顶柱体 G,记截痕为 $G(x)$,用 $S(x)$ 表示 $G(x)$ 的面积,则由 3.3.3 中平行截面面积已知的立体体积公式可得

$$\iint\limits_{D} f(x,y)\,\mathrm{d}x\mathrm{d}y = \int_a^b S(x)\,\mathrm{d}x. \tag{3.46}$$

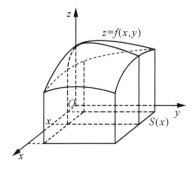

图 3.15

由于 $G(x)$ 可以表示成曲边梯形

$$G(x) = \{(x,y,z)\,|\,0 \leqslant z \leqslant f(x,y), \varphi_1(x) \leqslant y \leqslant \varphi_2(x)\},$$

故由定积分的几何意义可知

$$S(x) = \int_{\varphi_1(x)}^{\varphi_2(x)} f(x,y)\,\mathrm{d}y.$$

于是就有算法

$$\iint\limits_{D} f(x,y)\,\mathrm{d}x\mathrm{d}y = \int_a^b \left[\int_{\varphi_1(x)}^{\varphi_2(x)} f(x,y)\,\mathrm{d}y\right]\mathrm{d}x,$$

简记为

$$\iint\limits_{D} f(x,y)\,\mathrm{d}x\mathrm{d}y = \int_a^b \mathrm{d}x \int_{\varphi_1(x)}^{\varphi_2(x)} f(x,y)\,\mathrm{d}y. \tag{3.47}$$

公式(3.47)将左方的二重积分转化成了右方的两次定积分,称为**累次积分**,而定积分的计算是我们所熟悉的.

如果

$$D = \{(x,y)\,|\,\psi_1(y) \leqslant x \leqslant \psi_2(y), y \in [c,d]\}$$

是 y-型区域,那么同样地有

$$\iint\limits_{D} f(x,y)\,\mathrm{d}x\mathrm{d}y = \int_c^d \mathrm{d}y \int_{\psi_1(y)}^{\psi_2(y)} f(x,y)\,\mathrm{d}x. \tag{3.48}$$

值得注意的是,对函数 $f(x,y)$ 的非负假设只给了我们一种几何直观,在推导与计算过程中并未用到,故公式(3.47)与(3.48)对于任何连续函数都成立.使用同样的方法可将三重甚至 n 重积分化成三次或 n 次定积分构成的累次积分进行计算[1~3],这里不再赘述.下面举几个化二重积分为累次积分进行计算的例子.

例 3.21　求由平面 $\dfrac{x}{a}+\dfrac{y}{b}+\dfrac{z}{c}=1(a,b,c>0)$ 与三个坐标平面所围四面体的体积.

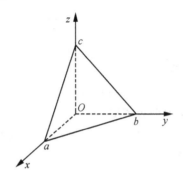

图 3.16

解　如图 3.16,四面体是由定义在三角形区域 $D=\left\{(x,y)\ \middle|\ 0\leqslant\dfrac{x}{a}+\dfrac{y}{b}\leqslant1\right\}$ 上的函数

$$z=c\left(1-\frac{x}{a}-\frac{x}{b}\right),(x,y)\in D$$

所确定的曲顶柱体.故由二重积分的几何意义可知

$$V=\iint\limits_{D}z(x,y)\mathrm{d}x\mathrm{d}y=\iint\limits_{D}c\left(1-\frac{x}{a}-\frac{y}{b}\right)\mathrm{d}x\mathrm{d}y.$$

由于 D 可以表达成 x-型区域

$$D=\left\{(x,y)\ \middle|\ 0\leqslant y\leqslant b\left(1-\frac{x}{a}\right),x\in[0,a]\right\},$$

故由公式(3.47)得

$$V=\int_{0}^{a}\mathrm{d}x\int_{0}^{b\left(1-\frac{x}{a}\right)}c\left(1-\frac{x}{a}-\frac{y}{b}\right)\mathrm{d}y$$

$$= \frac{bc}{2} \int_0^a \left(1 - \frac{x}{a}\right)^2 \mathrm{d}x = \frac{abc}{6}.$$

例 3.22　求高为 h 的椭圆锥体

$$\frac{x^2}{a^2} + \frac{y^2}{b^2} \leqslant \frac{z^2}{h^2}, 0 \leqslant z \leqslant h$$

的体积.

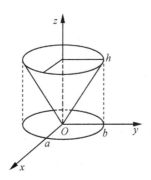

图 3.17

解　　如图 3.17, 由公式 (3.37), 以椭圆 $\dfrac{x^2}{a^2} + \dfrac{y^2}{b^2} = 1$ 为准线、高

为 h 的椭圆柱体的体积是 $V_1 = abh\pi$. 由锥面方程 $\dfrac{x^2}{a^2} + \dfrac{y^2}{b^2} = \dfrac{z^2}{h^2}$ 得

$$z = h\sqrt{\frac{x^2}{a^2} + \frac{y^2}{b^2}}, (x,y) \in D,$$

其中 $D = \left\{ (x,y) \,\Big|\, \dfrac{x^2}{a^2} + \dfrac{y^2}{b^2} \leqslant 1 \right\}$. 由锥面确定的曲顶柱体

$$G = \left\{ (x,y,z) \,\Big|\, 0 \leqslant z \leqslant h\sqrt{\frac{x^2}{a^2} + \frac{y^2}{b^2}}, (x,y) \in D \right\}$$

的体积是

$$V_2 = \iint_D h\sqrt{\frac{x^2}{a^2} + \frac{y^2}{b^2}} \,\mathrm{d}x\mathrm{d}y.$$

在广义极坐标变换

$$\begin{cases} x = ar\cos\theta, \\ y = br\sin\theta, \end{cases} (r,\theta) \in D'$$

下,其中 $D'=\{(r,\theta)\,|\,\theta\in[0,2\pi],r\in[0,1]\}$,雅可比行列式为

$$J(r,\theta)=\frac{\partial(x,y)}{\partial(r,\theta)}=\begin{vmatrix} a\cos\theta & -ar\sin\theta \\ b\sin\theta & br\cos\theta \end{vmatrix}=abr.$$

于是由公式(3.29)得

$$V_2=\iint\limits_{D'}h\sqrt{r^2}\,J(r,\theta)\,\mathrm{d}r\mathrm{d}\theta=\iint\limits_{D'}habr^2\,\mathrm{d}r\mathrm{d}\theta$$

$$=4abh\int_0^{\frac{\pi}{2}}\mathrm{d}\theta\int_0^1 r^2\,\mathrm{d}r=\frac{2}{3}abh\pi.$$

再由 $V=V_1-V_2$ 得所求椭圆锥体的体积为

$$V=\frac{1}{3}abh\pi. \tag{3.49}$$

当 $a=b=r$ 时,即得相应圆锥的体积为

$$V=\frac{1}{3}a^2h\pi. \tag{3.50}$$

例 3.23 求椭球体

$$\frac{x^2}{a^2}+\frac{y^2}{b^2}+\frac{z^2}{c^2}\leqslant 1\,(a,b,c>0)$$

的体积.

解 由对称性与二重积分的几何意义可知

$$V=8\iint\limits_{D}c\sqrt{1-\frac{x^2}{a^2}-\frac{y^2}{b^2}}\,\mathrm{d}x\mathrm{d}y,$$

其中

$$D=\left\{(x,y)\,\middle|\,\frac{x^2}{a^2}+\frac{y^2}{b^2}\leqslant 1,x,y\geqslant 0\right\}$$

是四分之一椭圆.与上例一样利用广义极坐标变换

$$\begin{cases} x=ar\cos\theta, \\ y=br\sin\theta, \end{cases}\theta\in\left[0,\frac{\pi}{2}\right],r\in[0,1]$$

得

$$V=8\int_0^{\frac{\pi}{2}}\mathrm{d}\theta\int_0^1 c\sqrt{1-r^2}\,abr\,\mathrm{d}r=\frac{4}{3}abc\pi. \tag{3.51}$$

当 $a=b=c=r$ 时,即得半径为 r 的球体的体积为

$$V=\frac{4}{3}r^3\pi. \qquad (3.52)$$

✳ 3.4.2　二重积分的微分元素法

在 3.4.1 中,我们使用定积分的微分元素法将二重积分化成两次定积分进行计算.基于同样的思维模式,现在介绍二重积分的微分元素法,借此在 3.4.3 中给出空间曲面的面积计算公式等.

二重积分的微分元素法　若一个计算问题满足以下条件:

(1) 所求对象 A 与一个二维区域 D 有关;

(2) A 对 D 具有**可加性**,即对于 D 的任何一种分割 $T:D_i(i=1,2,\cdots,n)$,对应地有 A 的分割 $\Delta A_1,\Delta A_2,\cdots,\Delta A_n$ 使

$$A=\sum_{i=1}^{n}\Delta A_i; \qquad (3.53)$$

(3) 对于任意的 $P(x,y)\in D$ 与含 P 的小区域 $\sigma\subset D$,可以找到对应于 σ 的 A 的部分量 ΔA 的微分表示

$$\Delta A\approx \mathrm{d}A=f(x,y)\mathrm{d}\sigma, \qquad (3.54)$$

其中 $f(x,y)$ 是 D 上的连续函数,$\mathrm{d}\sigma$ 是 σ 的面积.

则 A 可以表示为二重积分

$$A=\iint\limits_{D}f(x,y)\mathrm{d}\sigma, \qquad (3.55)$$

其中 $f(x,y)\mathrm{d}\sigma$ 称为 A 的(**二重**)微分元素.

与定积分的微分元素法一样,$f(x,y)$ 的可积性与等式(3.55)可用二重积分的定义进行证明,这里不再赘述.

在上一部分,我们通过定积分的几何意义,采用化二重积分为累次积分的方法计算曲顶柱体的体积.下面我们将利用二重积分的微分元素法,给出一类一般三维几何体的体积计算方法.

设 f_1,f_2 是二维区域 D 上的两个连续函数,则由曲面 $z=$

$f_1(x, y), z = f_2(x, y)$,以及由 D 的边界为准线的平行于 z 轴的柱面所围成的立体体积为

$$V = \iint\limits_{D} |f_1(x, y) - f_2(x, y)| \mathrm{d}x\mathrm{d}y. \tag{3.56}$$

事实上,体积 V 显然对于 D 的分割具有可加性,即对 D 的任何一种分割 $T: D_i (i = 1, 2, \cdots, n)$,$V$ 可以表达成由这些小区域确定的平行于 z 轴的细条体积之和.对于任意的 $P(x, y) \in D$ 与含 P 的小区域 $\sigma \subset D$,对应于小区域 σ 的细条可用以 σ 为底、$|f_1(x, y) - f_2(x, y)|$ 为高的柱体近似代替,即有 ΔV 的微分表示

$$\Delta V \approx \mathrm{d}V = |f_1(x, y) - f_2(x, y)| \mathrm{d}\sigma,$$

从而由二重积分的微分元素法(3.55)可得体积公式(3.56).

例 3.24 求由抛物面 $z = x^2 + y^2$ 与平面 $z = x + y$ 所围立体的体积.

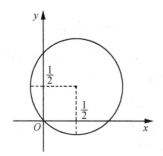

图 3.18

解 如图 3.18,抛物面 $z = x^2 + y^2$ 与平面 $z = x + y$ 的交线在 xOy 平面上的投影为

$$x^2 + y^2 = x + y, \text{即} \left(x - \frac{1}{2}\right)^2 + \left(y - \frac{1}{2}\right)^2 = \frac{1}{2}.$$

由于在区域

$$D: \left(x - \frac{1}{2}\right)^2 + \left(y - \frac{1}{2}\right)^2 \leqslant \frac{1}{2}$$

上 $x^2 + y^2 \leqslant x + y$,故由公式(3.56)得

$$V = \iint\limits_{D} \left[(x+y) - (x^2+y^2) \right] \mathrm{d}x\mathrm{d}y.$$

选用极坐标,曲线 $x^2+y^2=x+y$ 有极坐标表示

$$r = \cos\theta + \sin\theta, \theta \in \left[-\frac{\pi}{4}, \frac{3\pi}{4} \right],$$

区域 D 变为

$$D': 0 \leqslant r \leqslant \cos\theta + \sin\theta, \theta \in \left[-\frac{\pi}{4}, \frac{3\pi}{4} \right].$$

由于极坐标变换下的面积微分因子是 $J(r,\theta)=r$,故由公式(3.30)与 (3.47)得

$$\begin{aligned}
V &= \iint\limits_{D'} \left[r(\cos\theta + \sin\theta) - r^2 \right] r \mathrm{d}r\mathrm{d}\theta \\
&= \int_{-\frac{\pi}{4}}^{\frac{3\pi}{4}} \mathrm{d}\theta \int_0^{\cos\theta+\sin\theta} \left[r(\cos\theta + \sin\theta) - r^2 \right] r\mathrm{d}r \\
&= \frac{1}{12} \int_{-\frac{\pi}{4}}^{\frac{3\pi}{4}} (\cos\theta + \sin\theta)^4 \mathrm{d}\theta \\
&= \frac{1}{12} \int_{-\frac{\pi}{4}}^{\frac{3\pi}{4}} (1 + 2\cos\theta\sin\theta)^2 \mathrm{d}\theta \\
&= \frac{1}{12} \int_{-\frac{\pi}{4}}^{\frac{3\pi}{4}} (1 + 4\cos\theta\sin\theta + 4\cos^2\theta\sin^2\theta) \mathrm{d}\theta \\
&= \frac{\pi}{12} + \frac{1}{3} \int_{-\frac{\pi}{4}}^{\frac{3\pi}{4}} \sin\theta\mathrm{d}\sin\theta + \frac{1}{12} \int_{-\frac{\pi}{4}}^{\frac{3\pi}{4}} \frac{1 - \cos4\theta}{2} \mathrm{d}\theta \\
&= \frac{\pi}{12} + \frac{\pi}{24} = \frac{\pi}{8}.
\end{aligned}$$

例 3.25 如图 3.19,求球体 $x^2+y^2+z^2 \leqslant R^2$ 被圆柱面 $x^2+y^2=Rx$ 所割下部分(称为维维安尼(Viviani)体)的体积.

解 维维安尼体由曲面 $z=\pm\sqrt{R^2-(x^2+y^2)}$ 与柱面 $x^2+y^2=Rx$ 所围成,故由公式(3.56)得

$$V = 2\iint\limits_{D} \sqrt{R^2-(x^2+y^2)} \mathrm{d}x\mathrm{d}y,$$

其中 D 由 $x^2+y^2=Rx$ 所围.

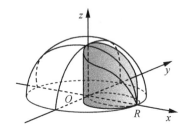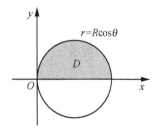

图 3.19

选用极坐标,曲线 $x^2+y^2=Rx$ 有极坐标表示

$$r=R\cos\theta,\theta\in\left[-\frac{\pi}{2},\frac{\pi}{2}\right],$$

区域 D 变为

$$D':0\leqslant r\leqslant R\cos\theta,\theta\in\left[-\frac{\pi}{2},\frac{\pi}{2}\right].$$

于是

$$V=2\iint\limits_{D'}\sqrt{R^2-r^2}\,r\mathrm{d}r\mathrm{d}\theta$$

$$=2\int_{-\frac{\pi}{2}}^{\frac{\pi}{2}}\mathrm{d}\theta\int_0^{R\cos\theta}\sqrt{R^2-r^2}\,r\mathrm{d}r$$

$$=\frac{4}{3}R^3\int_0^{\frac{\pi}{2}}(1-\sin^3\theta)\mathrm{d}\theta=\frac{4}{3}R^3\left(\frac{\pi}{2}-\frac{2}{3}\right).$$

❈ 3.4.3 利用二重积分的微分元素法计算曲面面积

  比较例 3.18 与例 3.8 可知,椭圆的弧长计算反而比面积计算来得复杂.从下面的讲述我们将会看到,三维立体表面积的计算同样比其体积计算麻烦得多.现在我们讨论如何利用二重积分的微分元素法计算曲面面积.

  很难找到一门自成体系的封闭学科,数学分析更是如此.在一般曲面面积的计算中,除了二重积分的微分元素法外,还要用到一些向量代数与空间解析几何的知识.具体地说,就是向量的向量积运算与平行四边形的面积公式.尽管中学数学只讲到向量的数量积,向量积还未进入教材[8],但是只要读者熟悉三维空间中向量的定义、表示及向量的长度等概念,就可以顺利阅读以下内容.虽然对于中学生来说,只要记住面积计算公式(3.64)与(3.65)即可,无须理会这种推导,但是作为教师必须知道这些公式的来龙去脉与推导方法.

下面我们用黑体小写字母(如 a)或上面带箭头的两个大写字母(如 $\overrightarrow{AB}$)表示向量,用通常字母表示数或标量.设

$$a=(a_1,a_2,a_3),b=(b_1,b_2,b_3)$$

是空间 $\mathbf{R}^3$ 中的两个三维向量,右方是其坐标表示,则称

$$a \cdot b=a_1b_1+a_2b_2+a_3b_3 \tag{3.57}$$

是向量 a,b 的**点积**.由于计算结果是个实数,故点积也称为**数量积**.称

$$\|a\|=\sqrt{a \cdot a}=\sqrt{a_1^2+a_2^2+a_3^2} \tag{3.58}$$

是向量 a 的**长度**或**模**.有关向量的数量积、长度与模的内容可以阅读文献[4]、[8]等.

向量 a 与 b 的数量积的物理意义是:一个单位质量的物体在力 a 的作用下从 b 的始点移动到终点所做的功,即

$$a \cdot b=\|a\|\|b\|\cos\theta, \tag{3.59}$$

其中 θ 是 a 与 b 的夹角,满足 $0 \leqslant \theta \leqslant \pi$.

定义 3.4　设 a,b 是两个非零向量.如图 3.20,称这样的向量 c 为 a 与 b 的**叉积**或**向量积**,记为 $c=a \times b$:

(1) 向量 c 的长 $\|c\|$ 是以 a,b 为邻边的平行四边形的面积;

(2) 向量 c 的方向与 a,b 都垂直且成右手系.

由叉积的几何意义立即可得

$$a \times b=c_0\|a\|\|b\|\sin\theta, \tag{3.60}$$

其中 c_0 是与 c 同方向的单位向量,θ 是 a 与 b 的夹角,满足 $0 \leqslant \theta \leqslant \pi$.

由(3.57)式或(3.59)式可知 $a \cdot b=b \cdot a$,即向量的数量积可以交换次序.但由向量积方向的右手系规则可知 $a \times b=-b \times a$,即向量

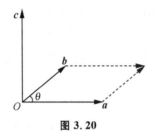

图 3.20

积一般来说不能交换次序.下面给出向量积的几条基本性质:

(1) 反交换律:$a \times b = -b \times a$;

(2) 结合律:$(\lambda a) \times b = a \times (\lambda b)$,其中 λ 是实数;

(3) 分配律:$(a+b) \times c = a \times c + b \times c$.

反交换律的理由前面已述,结合律可由(3.60)式导出.分配律的证明在向量积的范畴内比较麻烦,但在引进混合积的概念后却变得比较简单,这里不再赘述,有兴趣的读者可以参看任何一本解析几何教科书,如[4]等.综合分配律与反交换律可得分配律的另一种表现形式

$(3)'$ $a \times (b+c) = a \times b + a \times c$.

利用以上性质,可以给出向量积的坐标形式.设两个向量的坐标表示分别是

$$a = (a_1, a_2, a_3), b = (b_1, b_2, b_3).$$

用 i, j, k 分别表示三个坐标基向量,即

$$i = (1, 0, 0), j = (0, 1, 0), k = (0, 0, 1),$$

则向量 a, b 又可以表达为

$$a = a_1 i + a_2 j + a_3 k, \quad b = b_1 i + b_2 j + b_3 k.$$

注意每个向量与自己的向量积为零向量,即

$$i \times i = 0, j \times j = 0, k \times k = 0.$$

再由轮换关系

$$i \times j = k, j \times k = i, k \times i = j$$

得到

$$a \times b = (a_1 i + a_2 j + a_3 k) \times (b_1 i + b_2 j + b_3 k)$$
$$= (a_2 b_3 - a_3 b_2) i + (a_3 b_1 - a_1 b_3) j + (a_1 b_2 - a_2 b_1) k.$$

利用行列式记号可以形式地表示为

$$a \times b = (a_1, a_2, a_3) \times (b_1, b_2, b_3) = \begin{vmatrix} i & j & k \\ a_1 & a_2 & a_3 \\ b_1 & b_2 & b_3 \end{vmatrix}, \quad (3.61)$$

也可以表示为坐标形式

$$a \times b = (a_2 b_3 - a_3 b_2, a_3 b_1 - a_1 b_3, a_1 b_2 - a_2 b_1)$$

或

$$a \times b = \left(\begin{vmatrix} a_2 & a_3 \\ b_2 & b_3 \end{vmatrix}, \begin{vmatrix} a_3 & a_1 \\ b_3 & b_1 \end{vmatrix}, \begin{vmatrix} a_1 & a_2 \\ b_1 & b_2 \end{vmatrix} \right). \quad (3.62)$$

我们已经做好了利用二重积分的微分元素法给出空间曲面面积计算公式的准备. 如图 3.21,对于由参数方程给出的光滑曲面

$$\Sigma : \begin{cases} x = x(u, v), \\ y = y(u, v), (u, v) \in D. \\ z = z(u, v), \end{cases}$$

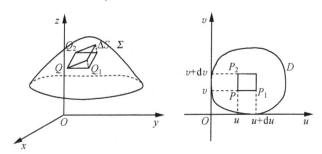

图 3. 21

用 S 表示曲面 Σ 的面积. 显然 S 对区域 D 具有可加性. 对于任意的 $P(u, v) \in D$ 与两个改变量 $du, dv > 0$,不妨假设矩形小区域

$$\sigma = [u, u + du] \times [v, v + dv] \subset D,$$

则 σ 的面积 $d\sigma = dudv$, σ 的直径 $\| \sigma \| = \sqrt{(du)^2 + (dv)^2}$. 设 $Q(x, y, z)$ 是曲面 Σ 上对应于 D 中 $P(u, v)$ 的点. 那么由三个偏导数的连续性可

知,Σ 上对应于 $P_1(u+\mathrm{d}u,v)\in D$ 的点可近似地表示为

$$Q_1\left(x+\frac{\partial x}{\partial u}\mathrm{d}u,y+\frac{\partial y}{\partial u}\mathrm{d}u,z+\frac{\partial z}{\partial u}\mathrm{d}u\right);$$

同样,Σ 上对应于 $P_2(u,v+\mathrm{d}v)\in D$ 的点可近似地表示为

$$Q_2\left(x+\frac{\partial x}{\partial v}\mathrm{d}v,y+\frac{\partial y}{\partial v}\mathrm{d}v,z+\frac{\partial z}{\partial v}\mathrm{d}v\right).$$

于是曲面 Σ 上对应于 D 中矩形小区域 σ 的小曲面 $\Delta\Sigma$ 可近似地表示为以向量 $\overrightarrow{QQ_1},\overrightarrow{QQ_2}$ 为邻边的平行四边形. 由

$$\overrightarrow{QQ_1}=\left(\frac{\partial x}{\partial u},\frac{\partial y}{\partial u},\frac{\partial z}{\partial u}\right)\mathrm{d}u,\overrightarrow{QQ_2}=\left(\frac{\partial x}{\partial v},\frac{\partial y}{\partial v},\frac{\partial z}{\partial v}\right)\mathrm{d}v$$

与公式(3.62)得

$$\overrightarrow{QQ_1}\times\overrightarrow{QQ_2}=\left(\frac{\partial(y,z)}{\partial(u,v)},\frac{\partial(z,x)}{\partial(u,v)},\frac{\partial(x,y)}{\partial(u,v)}\right)\mathrm{d}u\mathrm{d}v,$$

其中的三个雅可比行列式分别为(见 3.2.3)

$$\frac{\partial(y,z)}{\partial(u,v)}=\begin{vmatrix}\dfrac{\partial y}{\partial u}&\dfrac{\partial y}{\partial v}\\[2mm]\dfrac{\partial z}{\partial u}&\dfrac{\partial z}{\partial v}\end{vmatrix},\frac{\partial(z,x)}{\partial(u,v)}=\begin{vmatrix}\dfrac{\partial z}{\partial u}&\dfrac{\partial z}{\partial v}\\[2mm]\dfrac{\partial x}{\partial u}&\dfrac{\partial x}{\partial v}\end{vmatrix},\frac{\partial(x,y)}{\partial(u,v)}=\begin{vmatrix}\dfrac{\partial x}{\partial u}&\dfrac{\partial x}{\partial v}\\[2mm]\dfrac{\partial y}{\partial u}&\dfrac{\partial y}{\partial v}\end{vmatrix}.$$

由向量积的几何意义可得 $\Delta\Sigma$ 的面积微分表示为

$$\Delta S\approx\mathrm{d}S=\|\overrightarrow{QQ_1}\times\overrightarrow{QQ_2}\|$$

$$=\sqrt{\left(\frac{\partial(y,z)}{\partial(u,v)}\right)^2+\left(\frac{\partial(z,x)}{\partial(u,v)}\right)^2+\left(\frac{\partial(x,y)}{\partial(u,v)}\right)^2}\,\mathrm{d}u\mathrm{d}v.\quad(3.63)$$

于是由二重积分的微分元素法得到曲面 Σ 的面积公式

$$S=\iint\limits_D\sqrt{\left(\frac{\partial(y,z)}{\partial(u,v)}\right)^2+\left(\frac{\partial(z,x)}{\partial(u,v)}\right)^2+\left(\frac{\partial(x,y)}{\partial(u,v)}\right)^2}\,\mathrm{d}u\mathrm{d}v.\quad(3.64)$$

当曲面 Σ 由直角坐标方程

$$z=f(x,y),(x,y)\in D$$

给出时,Σ 也可以改用参数方程

$$\begin{cases}x=x,\\y=y,\qquad\quad(x,y)\in D\\z=f(x,y),\end{cases}$$

表示. 于是

$$\overrightarrow{QQ_1} \times \overrightarrow{QQ_2} = \left(-\frac{\partial z}{\partial x}, -\frac{\partial z}{\partial y}, 1\right) \mathrm{d}x\mathrm{d}y,$$

从而

$$\mathrm{d}S = \sqrt{1 + \left(\frac{\partial z}{\partial x}\right)^2 + \left(\frac{\partial z}{\partial y}\right)^2}\ \mathrm{d}x\mathrm{d}y,$$

$$S = \iint\limits_{D} \sqrt{1 + \left(\frac{\partial z}{\partial x}\right)^2 + \left(\frac{\partial z}{\partial y}\right)^2}\ \mathrm{d}x\mathrm{d}y. \tag{3.65}$$

现在给出二重换元积分公式(3.29)的合理性解释. 注意换元过程

$$\begin{cases} x = x(u,v), \\ y = y(u,v), \end{cases} (u,v) \in D'$$

相当于给出了紧贴在 xOy 平面上的区域

$$D: \begin{cases} x = x(u,v), \\ y = y(u,v), & (u,v) \in D'. \\ z = 0, \end{cases}$$

这时

$$\frac{\partial(y,z)}{\partial(u,v)} = \frac{\partial(z,x)}{\partial(u,v)} = 0,$$

$$\frac{\partial(x,y)}{\partial(u,v)} = \begin{vmatrix} \dfrac{\partial x}{\partial u} & \dfrac{\partial x}{\partial v} \\ \dfrac{\partial y}{\partial u} & \dfrac{\partial y}{\partial v} \end{vmatrix} = J(u,v)$$

是变换的雅可比行列式. 故由公式(3.63)可知

$$\mathrm{d}S = \mathrm{d}x\mathrm{d}y = \left|\frac{\partial(x,y)}{\partial(u,v)}\right| \mathrm{d}u\mathrm{d}v = |J(u,v)| \mathrm{d}u\mathrm{d}v,$$

即 $|J(u,v)|$ 是从 D' 到 D 变换的面积微分因子,且有由(3.29)式给出的二重换元积分公式

$$\iint\limits_{D} f(x,y)\mathrm{d}x\mathrm{d}y = \iint\limits_{D'} f(x(u,v), y(u,v)) |J(u,v)| \mathrm{d}u\mathrm{d}v.$$

例 3.26　试给出计算椭球面

$$\frac{x^2}{a^2}+\frac{y^2}{b^2}+\frac{z^2}{c^2}=1$$

面积的积分表达式.

解　椭球面可以改写成参数方程

$$\begin{cases} x=a\sin\varphi\cos\theta, \\ y=b\sin\varphi\sin\theta, & 0\leqslant\varphi\leqslant\pi,0\leqslant\theta\leqslant 2\pi. \\ z=c\cos\varphi, \end{cases}$$

这时

$$\frac{\partial(y,z)}{\partial(\varphi,\theta)}=bc\sin^2\varphi\cos\theta,$$

$$\frac{\partial(z,x)}{\partial(\varphi,\theta)}=ca\sin^2\varphi\sin\theta,$$

$$\frac{\partial(x,y)}{\partial(\varphi,\theta)}=ab\cos\varphi\sin\varphi.$$

由公式(3.64)有

$$S=\int_0^\pi\mathrm{d}\varphi\int_0^{2\pi}\sqrt{b^2c^2\sin^4\varphi\cos^2\theta+c^2a^2\sin^4\varphi\sin^2\theta+a^2b^2\cos^2\varphi\sin^2\varphi}\ \mathrm{d}\theta.$$

$$(3.66)$$

一般情况下,对于给定的 $\varphi\in(0,\pi)$,等式(3.66)右边对 θ 的第一层积分就是例 3.18 中讨论过的椭圆积分. 由于无法给出椭圆积分的初等表达式,我们同样无法通过(3.66)式给出椭球表面积的初等计算公式 $S=S(a,b,c)$. 形如等式(3.66)右边的二次积分被称为**二次椭圆积分**或**椭球面积分**. 同椭圆积分一样,虽然我们没能给出椭球表面积的初等计算公式,但可编制椭球面积分表,通过查表解决椭球表面积的近似计算问题. 虽然许多人试图通过级数表示等方法寻求椭球表面积的其他近似计算方法[19],但就作者所知,截至目前尚未得到比较圆满的解决,留待有志青年继续探索钻研.

下面我们利用公式(3.66)给出三种特殊椭球面的表面积公式.

例 3.27　求旋转椭球面

$$\frac{x^2}{a^2}+\frac{y^2}{a^2}+\frac{z^2}{c^2}=1$$

的表面积.

解 这是例 3.26 中 $a=b$ 的情况,也是椭圆 $\frac{y^2}{a^2}+\frac{z^2}{c^2}=1$ 绕 z 轴旋转一周所产生的旋转曲面. 由公式(3.66)与对称性可知其表面积为

$$S=8a\int_0^{\frac{\pi}{2}}\int_0^{\frac{\pi}{2}}\sqrt{c^2\sin^4\varphi+a^2\cos^2\varphi\sin^2\varphi}\,\mathrm{d}\theta\mathrm{d}\varphi$$

$$=4a\pi\int_0^{\frac{\pi}{2}}\sin\varphi\sqrt{c^2\sin^2\varphi+a^2\cos^2\varphi}\,\mathrm{d}\varphi$$

$$=-4a\pi\int_0^{\frac{\pi}{2}}\sqrt{c^2+(a^2-c^2)\cos^2\varphi}\,\mathrm{d}(\cos\varphi)$$

$$=4a\pi\int_0^1\sqrt{c^2+(a^2-c^2)x^2}\,\mathrm{d}x.$$

下面分三种情况讨论.

(1) 当 $a=b=c=r$ 时,得到球的表面积公式

$$S=4\pi r^2. \tag{3.67}$$

(2) 当 $a>c$ 时,借用变换

$$\tan\varphi=\frac{\sqrt{a^2-c^2}}{c}x$$

可得不定积分

$$\int\sqrt{c^2+(a^2-c^2)x^2}\,\mathrm{d}x=\frac{x}{2}\sqrt{c^2+(a^2-c^2)x^2}+$$

$$\frac{c^2}{2\sqrt{a^2-c^2}}\ln[x\sqrt{a^2-c^2}+\sqrt{c^2+(a^2-c^2)x^2}]+C,$$

代入积分上、下限即得"扁旋转球"的表面积公式

$$S=2\pi a\left(a+\frac{c^2}{\sqrt{a^2-c^2}}\ln\frac{\sqrt{a^2-c^2}+a}{c}\right). \tag{3.68}$$

(3) 当 $a<c$ 时,通过变换

$$\sin\varphi=\frac{\sqrt{c^2-a^2}}{c}x$$

可得不定积分

$$\int \sqrt{c^2-(c^2-a^2)x^2}\,\mathrm{d}x = \frac{x}{2}\sqrt{c^2-(c^2-a^2)x^2} +$$

$$\frac{c^2}{2\sqrt{c^2-a^2}}\arcsin\left(\frac{\sqrt{c^2-a^2}}{c}x\right)+C,$$

代入上、下限即得"长旋转球"的表面积公式

$$S=2\pi a\left[a+\frac{c^2}{\sqrt{c^2-a^2}}\arcsin\frac{\sqrt{c^2-a^2}}{c}\right]. \tag{3.69}$$

例 3.28 如图 3.19,求球面 $x^2+y^2+z^2=R^2$ 被柱面 $x^2+y^2=Rx$ 所截内部的面积.

解 上半部分球面的直角坐标方程为

$$z=\sqrt{R^2-x^2-y^2},(x,y)\in D,$$

其中 D 是圆域 $x^2+y^2\leqslant Rx$. 由对称性与公式(3.65)得

$$S=2\iint\limits_D \sqrt{1+z_x^2+z_y^2}\,\mathrm{d}x\mathrm{d}y = 2\iint\limits_D \frac{R}{\sqrt{R^2-x^2-y^2}}\,\mathrm{d}x\mathrm{d}y.$$

在极坐标变换

$$\begin{cases}x=r\cos\theta,\\ y=r\sin\theta\end{cases}$$

下,区域 $x^2+y^2\leqslant Rx$ 可被表达成极坐标形式

$$D'=\left\{(r,\theta)\,\middle|\,0\leqslant r\leqslant R\cos\theta,-\frac{\pi}{2}\leqslant\theta\leqslant\frac{\pi}{2}\right\}.$$

于是

$$S=2\iint\limits_{D'}\frac{R}{\sqrt{R^2-r^2}}r\,\mathrm{d}r\mathrm{d}\theta$$

$$=2R\int_0^{\frac{\pi}{2}}\mathrm{d}\theta\int_0^{R\cos\theta}\frac{1}{\sqrt{R^2-r^2}}\mathrm{d}r^2$$

$$=-4R\int_0^{\frac{\pi}{2}}\sqrt{R^2-r^2}\,\Bigg|_0^{R\cos\theta}\mathrm{d}\theta$$

$$=4R^2\int_0^{\frac{\pi}{2}}(1-\sin\theta)\mathrm{d}\theta=4R^2\left(\frac{\pi}{2}-1\right).$$

第四章

级数及其应用

级数是数列理论的延伸，中学只学数列，级数放在高等数学中介绍. 要深刻理解中学数学的许多内容，需要借助级数理论，如圆周率 π 的有理逼近与多种数学用表的编制等. 我们并不希望中学生提前阅读本章内容，但要成为一名合格的中学数学教师，理应熟练掌握常规要求的级数理论基础，提高自身的数学素养. 只有这样，才能深入浅出地讲授相关内容，同时引导有兴趣的学生从小树立献身数学、献身科学的理想与追求.

§4.1　数项级数

4.1.1　数项级数及其收敛

定义 4.1　设 $\{a_1, a_2, \cdots, a_n, \cdots\}$ 是无穷数列，简记为 $\{a_n\}$.

(1) 称形式和式

$$\sum_{n=1}^{\infty} a_n = a_1 + a_2 + \cdots + a_n + \cdots \tag{4.1}$$

是数项级数；

(2) 称前 n 项和

$$S_n = \sum_{i=1}^{n} a_i = a_1 + a_2 + \cdots + a_n$$

构成的数列 $\{S_n\}$ 是级数(4.1)的**部分和数列**;

（3）当部分和数列 $\{S_n\}$ 收敛时称级数(4.1)**收敛**,否则称级数**发散**. 当 $S_n \to S(n \to \infty)$ 时称级数(4.1)**收敛到和** S,记为

$$\sum_{n=1}^{\infty} a_n = a_1 + a_2 + \cdots + a_n + \cdots = S. \tag{4.2}$$

由定义可得级数的基本性质如下:

定理 4.1 （1）（收敛的必要条件） 级数 $\sum\limits_{n=1}^{\infty} a_n$ 收敛的必要条件是一般项 $a_n \to 0$,即当一般项 $a_n \nrightarrow 0$ 时级数发散;

（2）（线性性质） 当 $\sum\limits_{n=1}^{\infty} a_n$ 收敛到 A,$\sum\limits_{n=1}^{\infty} b_n$ 收敛到 B 时,对于任意常数 λ 与 μ,级数 $\sum\limits_{n=1}^{\infty} (\lambda a_n + \mu b_n)$ 收敛到 $\lambda A + \mu B$,即

$$\sum_{n=1}^{\infty} (\lambda a_n + \mu b_n) = \lambda \sum_{n=1}^{\infty} a_n + \mu \sum_{n=1}^{\infty} b_n; \tag{4.3}$$

（3）（柯西收敛准则） 级数 $\sum\limits_{n=1}^{\infty} a_n$ 收敛的充分必要条件是

$$\lim_{m,n \to \infty} \sum_{i=m+1}^{n} a_i = 0; \tag{4.4}$$

（4）增加、减少或者改变 $\sum\limits_{n=1}^{\infty} a_n$ 中有限项得到的新级数 $\sum\limits_{n=1}^{\infty} b_n$ 与原级数的敛散性相同.

证明 （1）由 $\sum\limits_{n=1}^{\infty} a_n$ 收敛,设 $S_n \to S(n \to \infty)$,于是由 $a_n = S_n - S_{n-1}$ 可知

$$\lim_{n \to \infty} a_n = \lim_{n \to \infty} S_n - \lim_{n \to \infty} S_{n-1} = S - S = 0.$$

（2）由定义与数列极限的线性性质可得.

（3）由定义与数列极限的柯西收敛准则可得.

（4）由新级数 $\sum\limits_{n=1}^{\infty} b_n$ 的构造可知，双下标数列 $B_{m,n} = \sum\limits_{i=m+1}^{n} b_i$ 与原

级数的双下标数列 $A_{m,n} = \sum\limits_{i=m+1}^{n} a_i$ 除有限项外全相同，从而由柯西准

则(3)可知两个级数的收敛性相同.　□

下面给出两个非常重要的数项级数的例子.

例 4.1　证明：**等比级数**（也称为**几何级数**）

$$\sum_{n=0}^{\infty} aq^n = a + aq + aq^2 + aq^3 + \cdots + aq^n + \cdots （其中 a \neq 0）$$

当 $|q| < 1$ 时收敛，当 $|q| \geqslant 1$ 时发散.

证明　由等比数列前 n 项和公式得

$$S_n = a + aq + aq^2 + aq^3 + \cdots + aq^{n-1} = a \cdot \frac{1 - q^n}{1 - q}.$$

当 $|q| < 1$ 时，由

$$S_n = a \cdot \frac{1 - q^n}{1 - q} \to \frac{a}{1 - q} \ (n \to \infty)$$

可知级数收敛于和 $\dfrac{a}{1-q}$，即

$$\sum_{n=0}^{\infty} aq^n = \frac{a}{1-q}, \quad |q| < 1; \tag{4.5}$$

当 $|q| \geqslant 1$ 时，由于一般项 aq^n 不趋于 0，故由级数收敛的必要条件可

知这时级数发散.　□

例 4.2　讨论调和级数

$$1 + \frac{1}{2} + \frac{1}{3} + \cdots + \frac{1}{n} + \cdots \tag{4.6}$$

的收敛性.

解　取 $n = 2m$，则

$$\sum_{i=m+1}^{n} \frac{1}{i} = \frac{1}{m+1} + \frac{1}{m+2} + \cdots + \frac{1}{n} > \frac{m}{2m} = \frac{1}{2} \not\to 0 \ (m, n \to \infty).$$

故由级数收敛的柯西准则可知调和级数(4.6)发散，或

$$1 + \frac{1}{2} + \frac{1}{3} + \cdots + \frac{1}{n} + \cdots = +\infty.$$

综合定理 4.1 与调和级数的发散性可知,一般项收敛于 0 是级数收敛的必要条件,但不是充分条件.

✳ 4.1.2　正项级数的收敛判别法

一般项非负的级数称为**正项级数**. 正项级数的收敛判别法是整个级数理论的基础. 对于正项级数 $\sum\limits_{n=1}^{\infty} a_n$, 由 $a_n \geqslant 0$ 可知部分和数列 $\{S_n\}$ 单调增加,故由单调有界定理 1.3 可得:

定理 4.2　正项级数 $\sum\limits_{n=1}^{\infty} a_n$ 收敛的充分必要条件是部分和数列 $\{S_n\}$ 有上界.

定理 4.3（比较判别法）　设 $\sum\limits_{n=1}^{\infty} a_n$, $\sum\limits_{n=1}^{\infty} b_n$ 是两个正项级数.

（1）若从某项开始 $a_n \leqslant b_n$ 总成立,则当 $\sum\limits_{n=1}^{\infty} b_n$ 收敛时 $\sum\limits_{n=1}^{\infty} a_n$ 收敛;等价地,当 $\sum\limits_{n=1}^{\infty} a_n$ 发散时 $\sum\limits_{n=1}^{\infty} b_n$ 发散.

（2）若极限

$$\lim_{n \to \infty} \frac{a_n}{b_n} = l$$

存在,则

（a）当 $0 < l < +\infty$ 时,级数 $\sum\limits_{n=1}^{\infty} b_n$ 与 $\sum\limits_{n=1}^{\infty} a_n$ 的敛散性相同;

（b）当 $l = 0$ 时,由 $\sum\limits_{n=1}^{\infty} b_n$ 收敛可得 $\sum\limits_{n=1}^{\infty} a_n$ 收敛;

（c）当 $l = +\infty$ 时,由 $\sum\limits_{n=1}^{\infty} b_n$ 发散可得 $\sum\limits_{n=1}^{\infty} a_n$ 发散.

证明　（1）由定理 4.2 的结论直接可知.

(2) (a) 当 $0<l<+\infty$ 时,取 $0<\varepsilon<l$,则存在自然数 N,使当 $n>N$ 时,有

$$-\varepsilon<\frac{a_n}{b_n}-l<\varepsilon$$

或

$$(l-\varepsilon)b_n<a_n<(l+\varepsilon)b_n,\ n>N.$$

由 $(l-\varepsilon)b_n<a_n$ 与(1)可知当 $\sum\limits_{n=1}^{\infty}a_n$ 收敛时 $\sum\limits_{n=1}^{\infty}b_n$ 收敛;由 $a_n<(l+\varepsilon)b_n$ 可知当 $\sum\limits_{n=1}^{\infty}b_n$ 收敛时 $\sum\limits_{n=1}^{\infty}a_n$ 收敛,即此时两个级数的收敛性相同.

(b) 当 $l=0$ 时,存在自然数 N,使当 $n>N$ 时,$\frac{a_n}{b_n}<1$ 或 $a_n<b_n$,从而由 $\sum\limits_{n=1}^{\infty}b_n$ 收敛可得 $\sum\limits_{n=1}^{\infty}a_n$ 收敛.

(c) 当 $l=+\infty$ 时,存在自然数 N,使当 $n>N$ 时,$\frac{a_n}{b_n}>1$ 或 $a_n>b_n$,从而由 $\sum\limits_{n=1}^{\infty}b_n$ 发散可知 $\sum\limits_{n=1}^{\infty}a_n$ 发散. □

例 4.3 判别正项级数

$$\frac{1}{1\cdot 2}+\frac{1}{2\cdot 3}+\cdots+\frac{1}{n\cdot(n+1)}+\cdots$$

的收敛性.

解 由

$$\begin{aligned}
S_n &= \frac{1}{1\cdot 2}+\frac{1}{2\cdot 3}+\cdots+\frac{1}{n\cdot(n+1)} \\
&= \left(1-\frac{1}{2}\right)+\left(\frac{1}{2}-\frac{1}{3}\right)+\cdots+\left(\frac{1}{n}-\frac{1}{n+1}\right) \\
&= 1-\frac{1}{n+1}<1,
\end{aligned}$$

即部分和数列 S_n 有上界,故级数收敛. 再由 $|S_n-1|=\frac{1}{n+1}\to 0$ 可知级数收敛到 1,即

$$\frac{1}{1 \cdot 2}+\frac{1}{2 \cdot 3}+\cdots+\frac{1}{n \cdot (n+1)}+\cdots=1.$$

例 4.4 判别正项级数

$$1+\frac{1}{2^2}+\frac{1}{3^2}+\cdots+\frac{1}{n^2}+\cdots$$

的收敛性.

解 由

$$\frac{1}{2^2}<\frac{1}{1 \cdot 2},\ \frac{1}{3^2}<\frac{1}{2 \cdot 3},\ \cdots,\frac{1}{n^2}<\frac{1}{(n-1)n},\ \cdots$$

及例 4.3 中级数的收敛性与比较判别法可知,级数

$$\frac{1}{2^2}+\frac{1}{3^2}+\cdots+\frac{1}{n^2}+\cdots$$

收敛.再由性质定理 4.1 可知增加一项 1 后的级数,即原级数同样收敛.

例 4.5 证明:p-级数

$$1+\frac{1}{2^p}+\frac{1}{3^p}+\cdots+\frac{1}{n^p}+\cdots \tag{4.7}$$

当 $p>1$ 时收敛,当 $p\leqslant 1$ 时发散.

证明 当 $p\leqslant 1$ 时,注意到

$$\frac{1}{n^p}\geqslant\frac{1}{n},\ n=1,2,\cdots.$$

故由调和级数发散与比较判别法可知这时级数发散.

当 $p>1$ 时,由函数 $f(x)=\dfrac{1}{x^p}$,$x\geqslant 1$ 的单调性可知,如图 4.1,每

个矩形面积不超过相应曲边梯形的面积,即

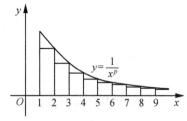

图 4.1

$$\frac{1}{n^p} \leqslant \int_{n-1}^n \frac{1}{x^p} \mathrm{d}x, \ n \geqslant 2.$$

从而

$$S_n = 1 + \frac{1}{2^p} + \frac{1}{3^p} + \cdots + \frac{1}{n^p} \leqslant 1 + \int_1^n \frac{1}{x^p} \mathrm{d}x$$

$$< 1 + \int_1^\infty \frac{1}{x^p} \mathrm{d}x = \frac{p}{p-1} < +\infty,$$

故由定理 4.2 可知这时 p-级数收敛. $\square$

比较判别法需要将所讨论的级数与一个已经知道敛散性的级数进行比较. 下面将要给出的比值判别法无须借助其他级数,可以只根据级数相邻两项比的性质来判定级数是否收敛.

定理 4.4(比值判别法) 对于正项级数 $\sum\limits_{n=1}^\infty a_n$,若极限

$$\lim_{n\to\infty} \frac{a_{n+1}}{a_n} = \rho$$

存在(可以是无穷大),则

(1) 当 $\rho < 1$ 时,级数收敛;

(2) 当 $1 < \rho \leqslant +\infty$ 时,级数发散;

(3) 当 $\rho = 1$ 时,级数可能收敛,也可能发散.

证明 (1) 这时考虑满足 $\rho < \rho_1 < 1$ 的 ρ_1,由

$$\lim_{n\to\infty} \frac{a_{n+1}}{a_n} = \rho < \rho_1$$

可知存在自然数 n_0,使当 $n \geqslant n_0$ 时

$$\frac{a_{n+1}}{a_n} < \rho_1.$$

于是

$$a_{n_0+1} < \rho_1 a_{n_0}, a_{n_0+2} < \rho_1 a_{n_0+1} < \rho_1^2 a_{n_0}, \cdots,$$

$$a_n < \rho_1 a_{n-1} < \rho_1^2 a_{n-2} < \cdots < \rho_1^{n-n_0} a_{n_0}, \cdots \ (n \geqslant n_0).$$

再由等比级数

$$\sum_{n=1}^\infty \rho_1^{n-n_0} a_{n_0} = \frac{a_{n_0}}{\rho_1^{n_0}} \sum_{n=1}^\infty \rho_1^n$$

的收敛性与比较判别法可知这时级数收敛.

（2）当 $1 < \rho \leqslant +\infty$ 时，由一般项不趋于 0 可知级数发散.

（3）注意 p-级数 $\sum\limits_{n=1}^{\infty} \dfrac{1}{n^p}$ 总满足

$$\lim_{n \to \infty} \frac{\dfrac{1}{(n+1)^p}}{n^p} = 1,$$

但当 $p > 1$ 时级数收敛，当 $0 < p \leqslant 1$ 时级数发散，从而结论（3）成立. □

例 4.6　判断级数

$$\sum_{n=1}^{\infty} \frac{4^n}{n!}$$

的收敛性.

解　由于

$$\lim_{n \to \infty} \frac{a_{n+1}}{a_n} = \lim_{n \to \infty} \frac{\dfrac{4^{n+1}}{(n+1)!}}{\dfrac{4^n}{n!}} = \lim_{n \to \infty} \frac{4}{n+1} = 0,$$

故用比值判别法可知级数收敛.

❊ 4.1.3　一般项级数的收敛判别法

没有约定一般项符号的级数称为**一般项级数**；一般项符号正负相间的级数叫作**交错级数**.

当正项级数 $\sum\limits_{n=1}^{\infty} |a_n|$ 收敛时，称原级数 $\sum\limits_{n=1}^{\infty} a_n$ **绝对收敛**；当 $\sum\limits_{n=1}^{\infty} |a_n|$ 发散，而 $\sum\limits_{n=1}^{\infty} a_n$ 收敛时，称原级数 $\sum\limits_{n=1}^{\infty} a_n$ **条件收敛**. 由级数收敛的柯西准则不难看出：

定理 4.5　绝对收敛的级数一定收敛.

值得注意的是，级数收敛分为"条件收敛"与"绝对收敛"两种相互排斥的收敛，即条件收敛级数不绝对收敛，同样绝对收敛级数非条件收敛. 这与我们通常对"绝对"与"条件"的理解有所不同,应当给予特别关注.

对于交错级数,我们较多考虑

$$a_1 - a_2 + a_3 - a_4 + \cdots + (-1)^{n+1} a_n + \cdots \quad (a_n > 0) \qquad (4.8)$$

的情形,另一种情形与(4.8)式仅相差一个符号.

定理 4.6(莱布尼兹判别法) 若正数列 $\{a_n\}$ 满足

(1) 数列 $\{a_n\}$ 单调递减,

(2) $\lim\limits_{n \to \infty} a_n = 0$,

则级数(4.8)收敛.

证明 这时级数(4.8)的偶数项部分和

$$S_{2n} = (a_1 - a_2) + (a_3 - a_4) + \cdots + (a_{2n-1} - a_{2n})$$

对 n 单调递增,再由

$$S_{2n} = a_1 - (a_2 - a_3) - \cdots - (a_{2n-2} - a_{2n-1}) - a_{2n} < a_1$$

可知 S_{2n} 有上界,故由单调有界定理 1.3 可知 S_{2n} 收敛. 设

$$\lim\limits_{n \to \infty} S_{2n} = S,$$

则由奇数项部分和同样满足

$$\lim\limits_{n \to \infty} S_{2n-1} = \lim\limits_{n \to \infty} (S_{2n} - a_{2n}) = S$$

可知 $\lim\limits_{n \to \infty} S_n = S$,即这时交错级数(4.8)收敛. $\square$

例 4.7 判断级数

$$\sum_{n=1}^{\infty} (-1)^n \frac{n}{n^2 + 1}$$

的收敛性.

解 注意到

$$\lim\limits_{n \to \infty} \frac{\dfrac{n}{n^2+1}}{\dfrac{1}{n}} = \lim\limits_{n \to \infty} \frac{n^2}{n^2 + 1} = 1,$$

故由调和级数 $\sum\limits_{n=1}^{\infty} \dfrac{1}{n}$ 的发散性与比较判别法可知原级数非绝对收

敛. 但数列 $\left\{\dfrac{n}{n^2+1}\right\}$ 显然单调递减趋于 0, 故由交错级数收敛判别法可知级数收敛, 即原级数条件收敛. □

§4.2 幂级数及其应用

❋ 4.2.1 幂级数及其和函数

我们把由幂函数构成的形如

$$a_0+a_1(x-x_0)+a_2(x-x_0)^2+\cdots+a_n(x-x_0)^n+\cdots,\ x\in\mathbf{R}$$

的级数叫作**幂级数**, 其中 x_0 是某个定数. 幂级数可简记为

$$\sum_{n=0}^{\infty}a_n(x-x_0)^n,\ x\in\mathbf{R}. \tag{4.9}$$

对于给定的数 $x\in\mathbf{R}$, 若数项级数 (4.9) 收敛到和 $S(x)$, 则称 x 是幂级数 (4.9) 的**收敛点**; 所有收敛点的集合称为**收敛域**. 对于收敛域上的每一点 x, 和 $S(x)$ 有意义, 称 $S(x)$ 为幂级数 (4.9) 的**和函数**. 显然点 x_0 总属于 (4.9) 的收敛域. 除此之外, 收敛域还包括哪些点, 收敛域是什么, 如何求出和函数等, 属于幂级数理论的主要问题.

我们常将注意力集中于 $x_0=0$ 时的幂级数

$$\sum_{n=0}^{\infty}a_nx^n=a_0+a_1x+a_2x^2+\cdots+a_nx^n+\cdots,\ x\in\mathbf{R}. \tag{4.10}$$

对于幂级数 (4.10) 的每个结论, 只需一个平移变换就可转化为关于幂级数 (4.9) 的相应结论. 对于幂级数 (4.10) 来说, 一个基本结论是:

定理 4.7(阿贝尔定理) (1) 若级数 (4.10) 在点 $\bar{x}\neq0$ 收敛, 则级数在开区间 $(-|\bar{x}|,|\bar{x}|)$ 内绝对收敛;

(2) 若级数 (4.10) 在点 $\bar{x}\neq0$ 发散, 则级数在闭区间 $[-|\bar{x}|,|\bar{x}|]$

外发散.

证明 (1) 由 $\sum\limits_{n=0}^{\infty} a_n \overline{x}^n$ 收敛可知一般项 $a_n \overline{x}^n \to 0 (n \to \infty)$，从而数列 $\{a_n \overline{x}^n\}$ 有界，即存在 $M > 0$ 使

$$|a_n \overline{x}^n| < M \ (n = 0, 1, 2, \cdots).$$

对于任意的 $x \in (-|\overline{x}|, |\overline{x}|)$，由于 $\dfrac{|x|}{|\overline{x}|} = r < 1$，故

$$|a_n x^n| = |a_n \overline{x}^n| \left| \frac{x}{\overline{x}} \right|^n < Mr^n.$$

于是由等比级数 $\sum\limits_{n=0}^{\infty} Mr^n$ 的收敛性可知幂级数 (4.10) 在点 x 绝对收敛.

(2) 当级数 (4.10) 在点 $\overline{x} \neq 0$ 发散时，假设级数在闭区间 $[-|\overline{x}|, |\overline{x}|]$ 外某一点 x_1 收敛，则由结论 (1) 可知级数在开区间 $(-|x_1|, |x_1|)$ 内绝对收敛. 再由 $\overline{x} \in (-|x_1|, |x_1|)$ 可得级数在点 $\overline{x}$ 收敛，这与题设矛盾. □

由阿贝尔定理不难得出以下结论成立：

定理 4.8 对于幂级数 (4.10) 来说，存在一个 $0 \leqslant R \leqslant +\infty$，使得幂级数

(1) 在开区间 $(-R, R)$ 内绝对收敛；

(2) 在闭区间 $[-R, R]$ 外发散；

(3) 幂级数在开区间 $(-R, R)$ 内内闭一致收敛，即对于任意有限闭区间 $[a, b] \subset (-R, R)$ 与 $\varepsilon > 0$，存在自然数 n_0，使当 $n > n_0$ 时

$$\left| \sum_{k=0}^{n} a_k x^k - S(x) \right| < \varepsilon$$

对于任意的 $x \in [a, b]$ 一致成立.

定理 4.8 中的 R 称为幂级数 (4.10) 的**收敛半径**，称开区间 $(-R, R)$ 是其**收敛区间**. 值得注意的是，收敛区间并不一定就是收敛区域，后者可能比前者多出一个或者两个区间端点. 这样看来求收敛半径 R 就是问题的关键. 从极限的观点来看，收敛半径 R 就是阿贝

尔定理 4.7 中收敛点 $\bar{x} \geqslant 0$ 的上确界,也是发散点 $\bar{x} > 0$ 的下确界.

由比值判别法(定理 4.4)立即可得收敛半径 R 的求法如下:

定理 4.9 对于幂级数(4.10),若极限

$$\lim_{n \to \infty} \frac{|a_{n+1}|}{|a_n|} = \rho \qquad (4.11)$$

存在,则

(1) 当 $0 < \rho < +\infty$ 时,幂级数(4.10)的收敛半径是 $R = \dfrac{1}{\rho}$;

(2) 当 $\rho = 0$ 时,幂级数(4.10)的收敛半径是 $R = +\infty$,即收敛域是全体实数;

(3) 当 $\rho = +\infty$ 时,幂级数(4.10)的收敛半径是 $R = 0$,即级数只在 0 点收敛.

证明 (1) 当 $0 < \rho < +\infty$ 时,对于任何满足 $|x| < R = \dfrac{1}{\rho}$ 的 x,

$$\lim_{n \to \infty} \frac{|a_{n+1}x^{n+1}|}{|a_n x^n|} = |x|\rho < 1,$$

故由比值判别法(定理 4.4)可知幂级数(4.10)在 x 点绝对收敛. 反过来,当 $|x| > R = \dfrac{1}{\rho}$ 时,由

$$\lim_{n \to \infty} \frac{|a_{n+1}x^{n+1}|}{|a_n x^n|} = |x|\rho > 1,$$

用同一判别法可知级数在 x 点发散,故级数的收敛半径为 $R = \dfrac{1}{\rho}$.

结论(2)、(3)同样由定理 4.4 立即可得. □

例 4.8 求最简幂级数

$$\sum_{n=0}^{\infty} x^n = 1 + x + x^2 + \cdots + x^n + \cdots$$

的收敛区间.

解 由(4.11)式可知该级数的收敛半径为 $R = 1$. 再由级数在 1 与 -1 都发散可知,该级数的收敛域就是收敛区间 $(-1, 1)$.

由等比级数和的公式(4.5)可得幂级数基本公式

$$\sum_{n=0}^{\infty} x^n = 1 + x + x^2 + \cdots + x^n + \cdots = \frac{1}{1-x}, \ |x| < 1. \quad (4.12)$$

由收敛定义不难看出幂级数的线性性质：

定理 4.10 设

$$S_1(x) = \sum_{n=0}^{\infty} a_n x^n, \ |x| < R_1,$$

$$S_2(x) = \sum_{n=0}^{\infty} b_n x^n, \ |x| < R_2,$$

则对 $R_3 = \min\{R_1, R_2\}$ 与任意的常数 $\lambda, \mu \in \mathbf{R}$，幂级数 $\displaystyle\sum_{n=0}^{\infty} (\lambda a_n + \mu b_n) x^n$ 在区间 $(-R_3, R_3)$ 内收敛到 $\lambda S_1(x) + \mu S_2(x)$，即

$$\sum_{n=0}^{\infty} (\lambda a_n + \mu b_n) x^n = \lambda \sum_{n=0}^{\infty} a_n x^n + \mu \sum_{n=0}^{\infty} b_n x^n, \ |x| < R_3. \quad (4.13)$$

由幂级数在收敛区间内的内闭一致收敛性（定理 4.8(3)）不难证明其和函数 $S(x)$ 满足以下性质：

定理 4.11 设幂级数 $\displaystyle\sum_{n=0}^{\infty} a_n x^n$ 的收敛半径 $R > 0$，则其和函数

$$S(x) = \sum_{n=0}^{\infty} a_n x^n, \ |x| < R$$

在 $(-R, R)$ 内连续、可微，而且满足

(1)（逐项取极限公式）　对任意的 $|x_0| < R$，

$$\lim_{x \to x_0} S(x) = \lim_{x \to x_0} \sum_{n=0}^{\infty} a_n x^n = \sum_{n=0}^{\infty} \lim_{x \to x_0} a_n x^n = \sum_{n=0}^{\infty} a_n x_0^n; \quad (4.14)$$

(2)（逐项求导公式）　在收敛区间 $(-R, R)$ 内，

$$\frac{\mathrm{d}}{\mathrm{d}x} S(x) = \Big(\sum_{n=0}^{\infty} a_n x^n \Big)' = \sum_{n=0}^{\infty} (a_n x^n)' = \sum_{n=1}^{\infty} n a_n x^{n-1}; \quad (4.15)$$

(3)（逐项积分公式）　对于任意的 $x \in (-R, R)$，

$$\int_0^x S(x)\,\mathrm{d}x = \int_0^x \Big(\sum_{n=0}^{\infty} a_n x^n \Big)\mathrm{d}x = \sum_{n=0}^{\infty} \int_0^x (a_n x^n)\,\mathrm{d}x$$

$$= \sum_{n=0}^{\infty} \frac{a_n}{n+1} x^{n+1}. \quad (4.16)$$

对于一般幂级数(4.9),相应于定理 4.7～4.11 的结论与收敛半径公式同样成立.这时收敛区间变成 (x_0-R, x_0+R),在其上和函数

$$S(x) = \sum_{n=0}^{\infty} a_n(x-x_0)^n, \quad |x-x_0| < R$$

同样连续、可导,且有与(4.14)～(4.16)相应的逐项运算公式成立.例如,逐项积分公式变为

$$\int_{x_0}^{x} S(x)\mathrm{d}x = \sum_{n=0}^{\infty} \int_{x_0}^{x} a_n(x-x_0)^n \mathrm{d}x$$

$$= \sum_{n=0}^{\infty} \frac{a_n}{n+1}(x-x_0)^{n+1}, \quad |x-x_0| < R. \quad (4.17)$$

从幂级数基本公式(4.12)出发,利用公式(4.13)～(4.17)可以求出许多幂级数的和函数.

例 4.9 求幂级数

$$\sum_{n=1}^{\infty} \frac{x^n}{n} = x + \frac{x^2}{2} + \frac{x^3}{3} + \cdots + \frac{x^n}{n} + \cdots,$$

$$\sum_{n=1}^{\infty} \frac{(x-1)^n}{n} = (x-1) + \frac{(x-1)^2}{2} + \frac{(x-1)^3}{3} + \cdots + \frac{(x-1)^n}{n} + \cdots$$

的和函数.

解 由(4.11)式可知第一个级数的收敛半径是 $R=1$,且其和函数 $S(x)$ 在 $|x|<1$ 内连续.由逐项求导公式(4.15)与幂级数基本公式(4.12)得

$$S'(x) = \left(\sum_{n=1}^{\infty} \frac{x^n}{n}\right)' = \sum_{n=1}^{\infty} x^{n-1} = \sum_{n=0}^{\infty} x^n = \frac{1}{1-x}, \quad |x| < 1.$$

由牛顿-莱布尼兹公式有

$$S(x) = S(0) + \int_0^x S'(x)\mathrm{d}x = \int_0^x \frac{1}{1-x}\mathrm{d}x = -\ln(1-x),$$

即

$$\sum_{n=1}^{\infty} \frac{x^n}{n} = -\ln(1-x), \quad |x| < 1. \quad (4.18)$$

第二个级数的收敛半径同样是 $R=1$.这时用 $x-1$ 取代(4.18)

式中的 x,即得

$$\sum_{n=1}^{\infty} \frac{(x-1)^n}{n} = -\ln(2-x), \quad |x-1| < 1.$$

例 4.10 求幂级数

$$\sum_{n=1}^{\infty} nx^n = x + 2x^2 + 3x^3 + \cdots + nx^n + \cdots$$

的和函数.

解 由(4.11)式可知其收敛半径是 $R=1$,且其和函数 $S(x)$ 在 $|x|<1$ 内连续.注意 $S(x) = xS_1(x)$,这里

$$S_1(x) = \sum_{n=1}^{\infty} nx^{n-1} = 1 + 2x + 3x^2 + \cdots + nx^{n-1} + \cdots, \quad |x| < 1.$$

由逐项积分公式(4.16)与幂级数基本公式(4.12)得

$$\int_0^x S_1(x)\mathrm{d}x = \int_0^x \left(\sum_{n=1}^{\infty} nx^{n-1}\right)\mathrm{d}x = \sum_{n=1}^{\infty} \int_0^x nx^{n-1}\mathrm{d}x$$

$$= \sum_{n=1}^{\infty} x^n = \frac{x}{1-x}, \quad |x| < 1.$$

两端求导即得

$$S_1(x) = \frac{1}{(1-x)^2},$$

从而

$$\sum_{n=1}^{\infty} nx^n = \frac{x}{(1-x)^2}, \quad |x| < 1.$$

❊ 4.2.2 函数的幂级数展开式

现在研究在什么条件下,如何将一个函数展开成幂级数的问题. 从后续内容我们将会看到,这个问题具有非常重要的理论意义与应用价值.

由高阶微分中值定理 2.9 可知,当 $f(x)$ 在 x_0 的某邻域 $U(x_0,\delta)$ 内具有 $n+1$ 阶导数时,对任一点 $x \in U(x_0,\delta)$,在 x 与 x_0 之间存在

一点 ξ,使由(2.26)式给出的 $n+1$ 阶泰勒公式

$$f(x)=f(x_0)+f'(x_0)(x-x_0)+\frac{f''(x_0)}{2!}(x-x_0)^2+\cdots+$$

$$\frac{f^{(n)}(x_0)}{n!}(x-x_0)^n+\frac{f^{(n+1)}(\xi)}{(n+1)!}(x-x_0)^{n+1}$$

成立,其中

$$R_n(x)=\frac{f^{(n+1)}(\xi)}{(n+1)!}(x-x_0)^{n+1}$$

是相应的拉格朗日型余项.

定理 4.12 若

(1) 函数 $f(x)$ 在 x_0 的某邻域 $|x-x_0|<R$ 内存在任意阶导数 $f^{(n)}(x)$ $(n=0,1,2,\cdots)$;

(2) 对于任意的 $x\in(x_0-R,x_0+R)$,由上式给出的余项趋于 0,即

$$\lim_{n\to\infty}R_n(x)=0.$$

则在区间 (x_0-R,x_0+R) 内 $f(x)$ 可以展开成幂级数

$$f(x)=\sum_{n=0}^{\infty}\frac{f^{(n)}(x_0)}{n!}(x-x_0)^n,\quad |x-x_0|<R. \qquad (4.19)$$

证明 由条件(1)可知(4.19)式右边的幂级数有意义,其部分和序列为

$$S_n(x)=f(x_0)+f'(x_0)(x-x_0)+\frac{f''(x_0)}{2!}(x-x_0)^2+\cdots+\frac{f^{(n)}(x_0)}{n!}(x-x_0)^n.$$

对于任意的 $x\in(x_0-R,x_0+R)$,由条件(2)与等式(2.26)可知

$$\lim_{n\to\infty}|f(x)-S_n(x)|=\lim_{n\to\infty}|R_n(x)|=0,$$

故由定义可知(4.19)式成立. $\square$

展开式(4.19)的右端称为 $f(x)$ 在 x_0 点的**泰勒(Taylor)级数**. 当 $x_0=0$ 时,展开式(4.19)变为

$$f(x)=\sum_{n=0}^{\infty}\frac{f^{(n)}(0)}{n!}x^n,\quad |x|<R,$$

上式右端称为 $f(x)$ 的**麦克劳林**(Maclaurin)**级数**.

定理 4.13 若幂级数 $\sum\limits_{n=0}^{\infty} a_n(x-x_0)^n$ 的收敛半径 $R>0$,则其和函数 $S(x)$ 满足

$$a_0=S(x_0),a_1=S'(x_0),a_2=\frac{S''(x_0)}{2!},\cdots,a_n=\frac{S^{(n)}(x_0)}{n!},\cdots.$$

证明 由

$$S(x)=\sum_{n=0}^{\infty} a_n(x-x_0)^n, \quad |x|<R,$$

取 $x=x_0$ 得 $a_0=S(x_0)$. 两端求导,利用逐项求导公式(4.15)得

$$S'(x)=a_1+2a_2(x-x_0)+3a_3(x-x_0)^2+\cdots+na_n(x-x_0)^{n-1}+\cdots,$$

取 $x=x_0$ 得 $a_1=S'(x_0)$.

同理,对上式两端求导,利用逐项求导公式可得

$$S''(x)=2a_2+3\cdot 2a_3(x-x_0)+\cdots+n(n-1)a_n(x-x_0)^{n-2}+\cdots,$$

取 $x=x_0$ 得 $a_2=\dfrac{S''(x_0)}{2!}$.

第 n 次求导得

$$S^{(n)}(x)=n!a_n+(n+1)n\cdots2(x-x_0)+(n+2)(n+1)n\cdots3(x-x_0)^2+\cdots,$$

取 $x=x_0$ 即得

$$a_n=\frac{S^{(n)}(x_0)}{n!}.$$

这样一直进行下去,就归纳完成了定理结论的证明. □

若当 $\sum\limits_{n=0}^{\infty} a_n(x-x_0)^n$ 与 $\sum\limits_{n=0}^{\infty} b_n(x-x_0)^n$ 具有相同的收敛半径 R 与和函数 $S(x)$ 时称**两个幂级数相等**,则由定理 4.13 立即得到唯一性定理如下:

定理 4.14 (1) 两个幂级数 $\sum\limits_{n=0}^{\infty} a_n(x-x_0)^n$ 与 $\sum\limits_{n=0}^{\infty} b_n(x-x_0)^n$ 相等的充分必要条件是对应系数全相等;

(2) 在 x_0 的邻域内无穷次可微函数 $f(x)$ 在 x_0 点的幂级数展开

式唯一.

由定理 4.14 立即得到：

推论 多项式函数的麦克劳林级数就是其本身.

下面给出几个常见初等函数的幂级数展开式. 我们主要考虑在原点附近的麦克劳林展开问题, 一般的泰勒展开只需经过一个平移变换.

例 4.11 求函数 $f(x) = e^x$ 的麦克劳林展开式.

解 对于任意自然数 n, 由 $f^{(n)}(x) = e^x$ 可知 $f^{(n)}(0) = 1$. 对于任意的 $x \in \mathbf{R}$, 由 (2.27) 式可知余项满足

$$|R_n(x)| = \left| \frac{f^{(n+1)}(\xi)}{(n+1)!} x^{n+1} \right| \leqslant \frac{e^{|\xi|}}{(n+1)!} |x|^{n+1} \to 0 \ (n \to \infty).$$

故由定理 4.12 可知

$$e^x = 1 + x + \frac{x^2}{2!} + \frac{x^3}{3!} + \cdots + \frac{x^n}{n!} + \cdots,$$

即

$$e^x = \sum_{n=0}^{\infty} \frac{x^n}{n!}, \ x \in \mathbf{R}. \tag{4.20}$$

例 4.12 求函数 $\sin x$ 与 $\cos x$ 的麦克劳林展开式.

解 由于

$$(\sin x)' = \cos x = \sin\left(x + \frac{\pi}{2}\right), \ (\sin x)'' = \sin\left(x + 2\frac{\pi}{2}\right), \cdots,$$

归纳可得

$$(\sin x)^{(n)} = \sin\left(x + n\frac{\pi}{2}\right) \ (n = 0, 1, 2, \cdots),$$

从而

$$(\sin x)^{(n)} \Big|_{x=0} = \begin{cases} 0, & n = 2k, \\ (-1)^k, & n = 2k+1, \end{cases} \ k = 0, 1, 2, \cdots.$$

对于任意的 $x \in \mathbf{R}$, 由 (2.27) 式可知

$$|R_n(x)| = \left| \frac{\sin\left[\xi + (n+1)\frac{\pi}{2}\right]}{(n+1)!} x^{n+1} \right| \leqslant \frac{|x|^{n+1}}{(n+1)!} \to 0 \ (n \to \infty),$$

故由定理 4.12 可得

$$\sin x = x - \frac{1}{3!}x^3 + \frac{1}{5!}x^5 + \cdots + \frac{(-1)^k}{(2k+1)!}x^{2k+1} + \cdots,$$

即

$$\sin x = \sum_{k=0}^{\infty} \frac{(-1)^k}{(2k+1)!}x^{2k+1}, \ x \in \mathbf{R}. \tag{4.21}$$

同理可得

$$\cos x = 1 - \frac{1}{2!}x^2 + \frac{1}{4!}x^4 + \cdots + \frac{(-1)^k}{(2k)!}x^{2k} + \cdots,$$

即

$$\cos x = \sum_{k=0}^{\infty} \frac{(-1)^k}{(2k)!}x^{2k}, \ x \in \mathbf{R}. \tag{4.22}$$

例 4.13　求函数 $\dfrac{1}{1+x}$ 与 $\ln(1+x)$ 的麦克劳林展开式.

解　由唯一性定理 4.14 可知,任何一个幂级数就是其和函数的泰勒展开式. 故由例 4.8 与例 4.9 立即得到

$$\frac{1}{1-x} = \sum_{n=0}^{\infty} x^n = 1 + x + x^2 + \cdots + x^n + \cdots, \ |x| < 1;$$

$$-\ln(1-x) = \sum_{n=1}^{\infty} \frac{x^n}{n} = x + \frac{x^2}{2} + \cdots + \frac{x^n}{n} + \cdots, \ |x| < 1.$$

用 $-x$ 替换以上两式中的 x 即得

$$\frac{1}{1+x} = \sum_{n=0}^{\infty} (-1)^n x^n, \ |x| < 1; \tag{4.23}$$

$$\ln(1+x) = \sum_{n=1}^{\infty} \frac{(-1)^{n-1}}{n}x^n, \ |x| < 1. \tag{4.24}$$

例 4.14　求二项式函数 $f(x) = (1+x)^\alpha$ 的麦克劳林展开式,其中 α 是非零实数.

解　当 α 是正整数 n 时,由二项式定理可知

$$(1+x)^n = 1 + nx + \frac{n(n-1)}{2!}x^2 + \cdots + \frac{n(n-1)\cdots(n-k+1)}{k!}x^k + \cdots +$$

$$nx^{n-1} + x^n,$$

即

$$(1+x)^n = \sum_{k=0}^{n} C_n^k x^k, \ x \in \mathbf{R}, \tag{4.25}$$

其中

$$C_n^k = \frac{n(n-1)\cdots(n-k+1)}{k!}$$

是从 n 个元素中取出 k 个组成一组的组合系数. 由唯一性可知等式 (4.25) 右边的多项式就是 $(1+x)^n$ 的麦克劳林展开式.

当 α 不是非负整数时,

$$f^{(n)}(x) = \alpha(\alpha-1)\cdots(\alpha-n+1)(1+x)^{\alpha-n}, \ |x| < 1,$$

$$f(0) = 1, f^{(n)}(0) = \alpha(\alpha-1)\cdots(\alpha-n+1) \neq 0, \ n = 1, 2, \cdots.$$

由 (4.19) 式可知这时 $(1+x)^\alpha$ 的幂级数展开式为

$$(1+x)^\alpha = 1 + \sum_{n=1}^{\infty} \frac{\alpha(\alpha-1)\cdots(\alpha-n+1)}{n!} x^n,$$

即有广义二项式公式

$$(1+x)^\alpha = \sum_{n=0}^{\infty} C_\alpha^n x^n, \ |x| < 1, \tag{4.26}$$

其中

$$C_\alpha^n = \frac{\alpha(\alpha-1)\cdots(\alpha-n+1)}{n!}$$

是广义组合系数, 而且约定 $C_\alpha^0 = 1, \alpha \neq 0$. 此时余项 $R_n(x)$ 在 $|x| < 1$ 内收敛于 0 的验证比较烦琐, 读者可以参看文献 [1~3] 等.

由唯一性定理 4.14 可知, 在求函数的幂级数展开式的过程中, 也可使用由定理 4.11 给出的逐项求导与逐项积分公式.

例 4.15 求正切函数 $f(x) = \arctan x$ 的麦克劳林展开式.

解 对导数 $f'(x)$ 运用公式 (4.23) 即得

$$f'(x) = \frac{1}{1+x^2} = \sum_{n=0}^{\infty} (-1)^n x^{2n}, \ x^2 < 1.$$

再用微积分学基本定理与逐项积分公式 (4.16) 得

$$f(x) = f(0) + \int_0^x f'(x)\,\mathrm{d}x = \int_0^x \Big[\sum_{n=0}^{\infty} (-1)^n x^{2n} \Big] \mathrm{d}x$$

$$= \sum_{n=0}^{\infty} \int_0^x (-1)^n x^{2n} \mathrm{d}x = \sum_{n=0}^{\infty} \frac{(-1)^n}{2n+1} x^{2n+1}, \ |x| < 1.$$

由于级数 $\displaystyle\sum_{n=0}^{\infty} \frac{(-1)^n}{2n+1} x^{2n+1}$ 当 $x = \pm 1$ 时作为交错级数收敛,故

$$\arctan x = \sum_{n=0}^{\infty} \frac{(-1)^n}{2n+1} x^{2n+1}, \ |x| \leqslant 1. \tag{4.27}$$

例 4.16　将圆周率 π 表示成有理数列的极限.

解　在展开式(4.27)中取 $x = 1$ 得

$$\frac{\pi}{4} = \sum_{n=0}^{\infty} \frac{(-1)^n}{2n+1}.$$

于是 π 被表示成了有理数列的极限

$$\pi = \lim_{n \to \infty} 4 \sum_{k=0}^{n} \frac{(-1)^k}{2k+1}. \tag{4.28}$$

通过例 1.14～例 1.16,我们证明了自然对数的底 e 以及 $\sqrt{2}, \sqrt{3}$ 均是无理数,圆周率 π 的无理性在下一部分证明.通过(1.22)式与 (4.28)式,我们将 e 和 π 表示成了有理数列的极限.下面两个例子分别给出了 $\sqrt{2}$ 与 $\sqrt{3}$ 的有理数列极限表示.

例 4.17　将无理数 $\sqrt{2}$ 表示成有理数列的极限.

解　当 $\alpha = \dfrac{1}{2}$ 时,由广义二项式公式(4.26)得

$$(1+x)^{\frac{1}{2}} = \sum_{n=0}^{\infty} C_{\frac{1}{2}}^n x^n, \ |x| < 1.$$

可以证明当 $x = 1$ 时等式右端的级数收敛.事实上,由约定 $C_{\frac{1}{2}}^0 = 1$,这时级数的一般项为

$$C_{\frac{1}{2}}^n = \frac{\dfrac{1}{2}\left(\dfrac{1}{2}-1\right)\left(\dfrac{1}{2}-2\right)\cdots\left(\dfrac{1}{2}-n+1\right)}{n!} = (-1)^{n-1} a_n,$$

其中

$$a_n = \frac{(2n-3)!!}{(2n)!!} = \frac{(2n-3)!!}{(2n-2)!!} \cdot \frac{1}{2n}, \ n \geq 1.$$

由于 a_n 单调递减收敛于 0,故由交错级数收敛判别法(定理 4.6)可知以上幂级数在点 1 也收敛. 于是取 $x=1$ 即得

$$\sqrt{2} = \sum_{n=0}^{\infty} C_{\frac{1}{2}}^n = \lim_{n \to \infty} \sum_{k=0}^{n} C_{\frac{1}{2}}^k, \tag{4.29}$$

这就得到了无理数 $\sqrt{2}$ 的有理数列极限表示.

例 4.18 将无理数 $\sqrt{3}$ 表示成有理数列的极限.

解 同样由幂级数展开式(4.26)可得

$$(4+x)^{\frac{1}{2}} = 2\left(1+\frac{x}{4}\right)^{\frac{1}{2}} = 2\sum_{n=0}^{\infty} C_{\frac{1}{2}}^n \left(\frac{x}{4}\right)^n, \ |x| < 4.$$

取 $x = -1$ 即得无理数 $\sqrt{3}$ 的有理数列极限表示

$$\sqrt{3} = 2\sum_{n=0}^{\infty} C_{\frac{1}{2}}^n \frac{(-1)^n}{4^n} = \lim_{n \to \infty} 2\sum_{k=0}^{n} C_{\frac{1}{2}}^k \frac{(-1)^k}{4^k}. \tag{4.30}$$

❋ 4.2.3 圆周率 π 的无理性

通过例 1.14~例 1.16,我们在第一章中已经证明了 $e, \sqrt{2}, \sqrt{3}$ 都是无理数. 圆周率 π 作为圆的周长与直径之比,是对任何圆都一样的常数,也是半径为 1 的圆的面积. 圆周率 π 与自然对数的底 e 是数学理论中最为重要的两个常数. 常数 π 的无理性的证法多种多样,这里主要参考了文献[20]的证明.

证明 π 的无理性要用到以下两个函数:

$$f(x) = \frac{1}{n!} x^n (p - qx)^n, \ x \in \mathbf{R}, \ n \in \mathbf{N}, \tag{4.31}$$

$$g(x) = f(x) - f''(x) + f^{(4)}(x) + \cdots + (-1)^n f^{(2n)}(x)$$

或

$$g(x) = \sum_{k=0}^{n} (-1)^k f^{(2k)}(x), \ x \in \mathbf{R}, \tag{4.32}$$

其中正整数 $p, q \in \mathbf{N}$ 使得 $\dfrac{p}{q}$ 是既约分数.

引理 4.1 对于任何既约分数 $\dfrac{p}{q}$ 和自然数 n,有

$$f^{(k)}\left(\frac{p}{q}-x\right)=(-1)^k f^{(k)}(x), \quad k=0,1,2,\cdots,2n, \quad (4.33)$$

$$\int_0^\pi f(x)\sin x \mathrm{d}x = g(\pi)+g(0). \quad (4.34)$$

证明 由定义知

$$f\left(\frac{p}{q}-x\right)=\frac{1}{n!}\left(\frac{p}{q}-x\right)^n\left[p-q\left(\frac{p}{q}-x\right)\right]^n$$

$$=\frac{1}{n!}(p-qx)^n x^n = f(x).$$

即等式(4.33)对 $k=0$ 成立.

假设(4.33)式对于给定的自然数 k 成立,即

$$f^{(k)}\left(\frac{p}{q}-x\right)=(-1)^k f^{(k)}(x).$$

两端同求一阶导数得

$$-f^{(k+1)}\left(\frac{p}{q}-x\right)=(-1)^k f^{(k+1)}(x),$$

即

$$f^{(k+1)}\left(\frac{p}{q}-x\right)=(-1)^{k+1} f^{(k+1)}(x),$$

即(4.33)式对 $k+1$ 同样成立.由归纳法原理可知等式(4.33)对于自然数 $k=0,1,2,\cdots,2n$ 都成立.

由 $f(x)$ 是 $2n$ 次多项式可知 $f^{(2n+2)}(x)=0$. 于是由

$$[g'(x)\sin x - g(x)\cos x]'$$

$$=g''(x)\sin x + g(x)\sin x$$

$$=[f''(x)-f^{(4)}(x)+\cdots+(-1)^{n-1}f^{(2n)}(x)]\sin x +$$

$$[f(x)-f''(x)+f^{(4)}(x)+\cdots+(-1)^n f^{(2n)}(x)]\sin x$$

$$=f(x)\sin x,$$

得

$$\int_0^\pi f(x)\sin x\,dx = \left[g'(x)\sin x - g(x)\cos x\right]\Big|_0^\pi = g(\pi) + g(0). \qquad \square$$

引理 4.2 对于任何既约分数 $\dfrac{p}{q}$ 和自然数 n，$2g(0)$ 是整数.

证明 由二项式定理可知

$$n!\,f(x) = x^n(p - qx)^n = x^n\sum_{i=0}^n C_n^i p^{n-i}(-qx)^i$$

$$= \sum_{i=0}^n (-1)^i C_n^i p^{n-i} q^i x^{n+i}.$$

(1) 当 $0 \leqslant k \leqslant n-1$ 时，$1 \leqslant n-k$，

$$n!\,f^{(k)}(x) = \sum_{i=0}^n (-1)^i C_n^i A_{n+i}^k p^{n-i} q^i x^{n+i-k}$$

$$= x^{n-k}\sum_{i=0}^n (-1)^i C_n^i A_{n+i}^k p^{n-i} q^i x^i,$$

从而 $f^{(k)}(0) = 0$，其中

$$A_{n+i}^k = (n+i)(n+i-1)\cdots(n+i-k+1)$$

是排列系数.

(2) 当 $n \leqslant k \leqslant 2n$ 时，

$$n!\,f^{(k)}(x) = \sum_{i=0}^n (-1)^i C_n^i p^{n-i} q^i (x^{n+i})^{(k)}$$

$$= \sum_{i=k-n}^n (-1)^i C_n^i A_{n+i}^k p^{n-i} q^i x^{n+i-k}.$$

注意在最后的表达式中从第二项起每项都含有因子 x，故这时

$$n!\,f^{(k)}(0) = (-1)^{k-n} C_n^{k-n} A_k^k p^{2n-k} q^{k-n}$$

$$= (-1)^{k-n} C_n^{k-n} p^{2n-k} q^{k-n} k!,$$

即

$$f^{(k)}(0) = (-1)^{k-n} C_n^{k-n} p^{2n-k} q^{k-n} \cdot \frac{k!}{n!}.$$

由条件 $n \leqslant k \leqslant 2n$ 可知这时 $\dfrac{k!}{n!}$ 是整数，再由 p^{2n-k} 与 q^{k-n} 均是整数可

知 $f^{(k)}(0)$ 也是整数.

综上可知,对于任意自然数 $k=0,1,2,\cdots,2n,f^{(k)}(0)$ 均是整数,这就证明了 $2g(0)$ 作为整数的代数和也是整数. □

我们已经做好了证明 π 是无理数的准备.

定理 4.15　圆周率 π 是无理数.

证明　如果不然,设 π 是大于 0 的既约分数 $\dfrac{p}{q}$. 将假设的 $\pi=\dfrac{p}{q}$ 代入引理 4.1 给出的等式(4.33)有

$$f^{(k)}\left(\frac{p}{q}-x\right)=(-1)^k f^{(k)}(x),$$

得

$$f^{(k)}(\pi-x)=(-1)^k f^{(k)}(x),\ k=0,1,2,\cdots,2n.$$

当 $x=0$ 时,

$$f^{(k)}(\pi)=(-1)^k f^{(k)}(0),\ k=0,1,2,\cdots,2n.$$

这时由 $g(x)$ 的定义知

$$g(\pi)=f(\pi)-f''(\pi)+f^{(4)}(\pi)+\cdots+(-1)^n f^{(2n)}(\pi)$$
$$=f(0)-f''(0)+f^{(4)}(0)+\cdots+(-1)^n f^{2n}(0)=g(0),$$

于是由等式(4.34)得

$$\int_0^\pi f(x)\sin x\,\mathrm{d}x=2g(0).$$

再由引理 4.2 可知积分 $\displaystyle\int_0^\pi f(x)\sin x\,\mathrm{d}x$ 是整数.

但是另一方面,当假设 $\pi=\dfrac{p}{q}$ 是有理数时,我们又可推出对于充分大的自然数 n,积分 $\displaystyle\int_0^\pi f(x)\sin x\,\mathrm{d}x$ 是任意小的正数,矛盾说明 π 是有理数的假设错误,定理据此得证.

事实上,当假设 $\pi=\dfrac{p}{q}$ 是有理数时,由 $\sin x$ 在 $[0,\pi]$ 上不变号与 $f(x)$ 的连续性,用推广的第一积分中值定理(定理 3.5(5))得

$$\int_0^\pi f(x)\sin x\,\mathrm{d}x = f(\theta\pi)\int_0^\pi \sin x\,\mathrm{d}x$$

$$= \frac{1}{n!}(\theta\pi)^n\big[p-q(\theta\pi)\big]^n\int_0^\pi \sin x\,\mathrm{d}x$$

$$= \frac{2}{n!}\left[\frac{p^2}{q}\theta(1-\theta)\right]^n = 2\cdot\frac{a^n}{n!},$$

其中 $0<\theta<1, 0<a=\dfrac{p^2}{q}\theta(1-\theta)<\dfrac{p^2}{q}$. 由 a 的有界性, 知

$$\lim_{n\to\infty}\int_0^\pi f(x)\sin x\,\mathrm{d}x = 2\lim_{n\to\infty}\frac{a^n}{n!} = 0. \tag{4.35}$$

当 $\pi=\dfrac{p}{q}$ 时, 对于任意的 $x\in(0,\pi)$, 有

$$f(x)\sin x = \frac{1}{n!}x^n(p-qx)^n\sin x = \frac{1}{n!}x^nq^n(\pi-x)^n\sin x>0.$$

于是由 $f(x)$ 的连续性可知

$$\int_0^\pi f(x)\sin x\,\mathrm{d}x>0. \tag{4.36}$$

当 $\pi=\dfrac{p}{q}$ 时, 综合 (4.35)、(4.36) 两式可知对于充分大的 n, 积分

$$\int_0^\pi f(x)\sin x\,\mathrm{d}x$$

是任意小的正数. 这与前面关于此积分总是整数的结论矛盾, 从而完成了 π 是无理数的证明. □

❋ 4.2.4　常见中学数学用表的制作原理

从第一章我们知道, 实数由有理数与无理数两部分构成, 有理数是整数之比, 也可以表达成有限小数或无限循环小数, 无理数是无限不循环小数. 虽然我们从理论上已经接受了无理数, 但在具体运算与实际应用中仍然无法处理无限不循环小数. 通常的办法只能是按照具体的精度要求, 通过近似代替, 将问题转化为有理数进行运算与处理. 例如, 各种数学用表中的数据只能是有理数. 如果学生问到这些

用表的制作原理是什么,我们可以这样回答:幂级数理论是制作多数数学用表的主要依据. 现在让我们梳理一下几种常见中学数学用表的制作原理与方法.

（A）平方根表

平方根表的制作原理是由(4.26)式给出的广义二项式公式

$$(1+x)^a = \sum_{n=0}^{\infty} C_a^n x^n, \ |x| < 1.$$

当 $\alpha = \dfrac{1}{2}$ 时,由约定 $C_{\frac{1}{2}}^0 = 1$.

当 $n \geqslant 1$ 时,由例 4.17 可知

$$C_{\frac{1}{2}}^n = (-1)^{n-1} \frac{(2n-3)!!}{(2n)!!},$$

于是

$$(1+x)^{\frac{1}{2}} = 1 + \sum_{n=1}^{\infty} (-1)^{n-1} \frac{(2n-3)!!}{(2n)!!} x^n.$$

由例 4.17 可知上式右端的级数在 $x=1$ 点收敛,再用拉贝判别法(见文献[1](下册)14)不难验证当 $x=-1$ 时级数同样收敛,从而

$$(1+x)^{\frac{1}{2}} = 1 + \sum_{n=1}^{\infty} (-1)^{n-1} \frac{(2n-3)!!}{(2n)!!} x^n, \ -1 \leqslant x \leqslant 1.$$

$$(4.37)$$

利用(4.37)式得到

$$\sqrt{3} = 2\sqrt{1 - \frac{1}{4}} = 2 - 2 \lim_{n \to \infty} \sum_{k=1}^{n} \frac{(2k-3)!!}{(2k)!!} \frac{1}{4^k},$$

$$\sqrt{5} = 3\sqrt{1 - \frac{4}{9}} = 3 - 3 \lim_{n \to \infty} \sum_{k=1}^{n} \frac{(2k-3)!!}{(2k)!!} \frac{4^k}{9^k},$$

$$\sqrt{\frac{1}{2}} = \sqrt{1 - \frac{1}{2}} = 1 - \lim_{n \to \infty} \sum_{k=1}^{n} \frac{(2k-3)!!}{(2k)!!} \frac{1}{2^k}.$$

一般来说,对于任意非有理数平方的正有理数 $\dfrac{p}{q}$,设第一个比 $\dfrac{p}{q}$ 大的自然数的平方是 m^2,则由

$$\frac{p}{q} = m^2 \left(1 - \frac{qm^2 - p}{qm^2}\right),$$

其中 $0 < \dfrac{qm^2 - p}{qm^2} < 1$，利用 (4.37) 式即得

$$\sqrt{\frac{p}{q}} = m - m \lim_{n \to \infty} \sum_{k=1}^{n} \frac{(2k-3)!!}{(2k)!!} \left(\frac{qm^2 - p}{qm^2}\right)^k, \qquad (4.38)$$

其中右端是有理数列的极限. 利用 (4.38) 式就可编制出符合任何精度要求的正有理数的平方根表，见文献 [6][1132-1156].

（B）立方根表

同理，由 (4.26) 式，有

$$(1+x)^{\frac{1}{3}} = 1 + \sum_{n=1}^{\infty} (-1)^{n-1} \frac{(3n-4)!!!}{(3n)!!!} x^n, \quad -1 \leqslant x \leqslant 1,$$

$$(4.39)$$

其中 $m!!!$ 表示 m 的 3 阶乘.

例如，$5!!! = 5 \cdot 2, 4!!! = 4 \cdot 1, 3!!! = 3, 2!!! = 2$，且规定 $1!!! = 0!!! = (-1)!!! = (-2)!!! = 1$.

对于任意非有理数立方的正有理数 $\dfrac{p}{q}$，设第一个比 $\dfrac{p}{q}$ 大的自然数的立方是 m^3. 于是由

$$\frac{p}{q} = m^3 \left(1 - \frac{qm^3 - p}{qm^3}\right),$$

其中 $0 < \dfrac{qm^3 - p}{qm^3} < 1$，利用 (4.39) 式即得

$$\sqrt[3]{\frac{p}{q}} = m - m \lim_{n \to \infty} \sum_{k=1}^{n} \frac{(3k-4)!!!}{(3k)!!!} \left(\frac{qm^3 - p}{qm^3}\right)^k, \qquad (4.40)$$

其中右端是有理数列的极限. 利用 (4.40) 式就可编制出符合任何精度要求的正有理数的立方根表，见文献 [6][1132-1156].

（C）自然对数表

由公式 (4.24)，有

$$\ln(1+x) = \sum_{n=1}^{\infty} \frac{(-1)^{n-1}}{n} x^n, \quad x \in (-1, 1].$$

首先注意

$$\ln 1 = 0, \ \ln 2 = \lim_{n \to \infty} \sum_{k=1}^{n} \frac{(-1)^{k-1}}{k},$$

即 $\ln 1$ 与 $\ln 2$ 被表示成了有理数列的极限. 当 $\ln(m-1)$ 能被表示为有理数列的极限时, 由

$$\begin{aligned}\ln m &= \ln(m-1) + \ln\left(1 + \frac{1}{m-1}\right) \\ &= \ln(m-1) + \lim_{n \to \infty} \sum_{k=1}^{n} \frac{(-1)^{k-1}}{k} \frac{1}{(m-1)^k},\end{aligned}$$

可知 $\ln m$ 也被表示成了有理数列的极限. 故由归纳法原理可知对于任意的自然数 $m \in \mathbf{N}$, 对数 $\ln m$ 均可表示为有理数列的极限.

对于非自然数的正有理数 $\frac{p}{q}$, 设第一个比 $\frac{p}{q}$ 大的自然数是 m, 则有

$$\frac{p}{q} = m\left(1 - \frac{qm-p}{qm}\right),$$

其中 $0 < \frac{qm-p}{qm} < 1$, 利用 (4.24) 式得

$$\ln\left(\frac{p}{q}\right) = \ln m - \lim_{n \to \infty} \sum_{k=1}^{n} \frac{1}{k}\left(\frac{qm-p}{qm}\right)^k, \qquad (4.41)$$

即 $\ln\left(\frac{p}{q}\right)$ 也被表示成了有理数列的极限. 利用 (4.41) 式可以编制出任意精度的自然对数表, 见文献 [6][1231-1234].

利用常用对数与自然对数的关系

$$\lg\left(\frac{p}{q}\right) = \frac{\ln\left(\frac{p}{q}\right)}{\ln 10},$$

即可以编制出常用对数表, 见文献 [6][1206-1230].

(D) 三角函数表

由展开式 (4.21) 与 (4.22) 可知

$$\sin x = \sum_{k=0}^{\infty} \frac{(-1)^k}{(2k+1)!} x^{2k+1}, \ x \in \mathbf{R},$$

$$\cos x = \sum_{k=0}^{\infty} \frac{(-1)^k}{(2k)!} x^{2k}, \quad x \in \mathbf{R}.$$

于是对于任意正有理数 $\frac{p}{q}$，相应的函数值可以表达为有理数列的极限

$$\sin\left(\frac{p}{q}\right) = \lim_{n \to \infty} \sum_{k=0}^{n} \frac{(-1)^k}{(2k+1)!} \left(\frac{p}{q}\right)^{2k+1}, \tag{4.42}$$

$$\cos\left(\frac{p}{q}\right) = \lim_{n \to \infty} \sum_{k=0}^{n} \frac{(-1)^k}{(2k)!} \left(\frac{p}{q}\right)^{2k}. \tag{4.43}$$

利用(4.42)式和(4.43)式可以编制出任意精度的正弦与余弦函数表,见文献[6][1157-1179].

对于任意正有理数 $\frac{p}{q}$，相应地可用

$$\tan\left(\frac{p}{q}\right) = \lim_{n \to \infty} \frac{\displaystyle\sum_{k=0}^{n} \frac{(-1)^k}{(2k+1)!} \left(\frac{p}{q}\right)^{2k+1}}{\displaystyle\sum_{k=0}^{n} \frac{(-1)^k}{(2k)!} \left(\frac{p}{q}\right)^{2k}}, \tag{4.44}$$

$$\cot\left(\frac{p}{q}\right) = \lim_{n \to \infty} \frac{\displaystyle\sum_{k=0}^{n} \frac{(-1)^k}{(2k)!} \left(\frac{p}{q}\right)^{2k}}{\displaystyle\sum_{k=0}^{n} \frac{(-1)^k}{(2k+1)!} \left(\frac{p}{q}\right)^{2k+1}}, \tag{4.45}$$

编制出任意精度的正切与余切函数表,见文献[6][1180-1202].

值得注意的是,在通常的三角函数表中,自变量用角度(即度、分、秒)作单位,而表达式(4.42)～(4.45)中的自变量却用弧度(实数)作单位.故在编制三角函数表时,需要先将角度数 $a°b'c''$ 用公式[8]

$$x = \frac{\pi}{180}\left(a + \frac{b}{60} + \frac{c}{3600}\right) \tag{4.46}$$

与近似方法求出近似弧度数 $\overline{x} = \frac{p}{q}$（有理数），再用(4.42)～(4.45)式计算相应函数值的近似值.

（E）指数函数表

指数函数表的编制更加简单.由展开式(4.20)可知

$$e^{\frac{p}{q}} = \lim_{n \to \infty} \sum_{k=0}^{n} \frac{\left(\frac{p}{q}\right)^k}{k!}. \tag{4.47}$$

利用(4.47)式就可编制出符合任何精度要求的以 e 为底的指数函数表,见文献[6][1308-1311].

  上面我们只从如何表达为有理数列极限的角度论述了几种函数用表的编制原理. 考虑到篇幅与学科属性,我们并未对数学用表编制中的另一个重要问题——误差控制进行讨论,读者可以参看计算方法等课程的专门论述.

  以上几种数学用表是与微积分学和级数理论的发展相伴完成的,至少也有两三百年的历史. 刚才讨论了几种表格的编制原理,在没有任何现代计算工具的情况下,不知先辈数学家们运用了何种智慧,经历了多少艰辛为我们编制了这些用表. 电子计算机的发明使我们走进新的信息时代. 现在借助刚才的方法与公式,很容易写出相应数学用表的编制程序,利用这些程序,可以在短短几秒钟内完成一个数学用表的编制.

参考文献

[1] 华东师范大学数学系.数学分析(上、下册).第三版.北京:高等教育出版社,2001.

[2] 吉林大学数学系.数学分析(上、中、下册).北京:人民教育出版社,1978.

[3] F. M. 菲赫金哥尔茨.微积分学教程(多卷册).叶彦谦,等,译.第二版.北京:人民教育出版社,1959.

[4] 南开大学数学系.空间解析几何引论(上、下册).北京:人民教育出版社,1978.

[5] 乔治·波里亚,戈登·拉达.复变函数.路见可,等,译.北京:高等教育出版社,1985.

[6] 《数学手册》编写组.数学手册.北京:人民教育出版社,1979.

[7] 中学数学课程教材研究开发中心.义务教育课程标准数学实验教材,七年级(上、下册).北京:人民教育出版社,2004.

[8] 人民教育出版社中学数学室.普通高级中学数学教材,第一册(上、下,必修).北京:人民教育出版社,2004.

[9] 人民教育出版社中学数学室.普通高级中学数学教材,第二册(上、下,必修).北京:人民教育出版社,2004.

[10] 人民教育出版社中学数学室.普通高级中学数学教材,第三册(选修Ⅰ).北京:人民教育出版社,2004.

[11] 人民教育出版社中学数学室.普通高级中学数学教材,第三册(选修Ⅱ).北京:人民教育出版社,2004.

［12］朱尧辰.无理数引论.合肥:中国科学技术大学出版社,2012.

［13］吴振廷.实数理论及其在中学数学中的应用.北京:人民教育出版社,1981.

［14］史济怀.平均(数学小丛书5).北京:科学出版社,2002.

［15］范会国.几种类型的极值问题(数学小丛书9).北京:科学出版社,2002.

［16］张奠宙,邹一心.现代数学与中学数学.上海:上海教育出版社,1990.

［17］徐利治.数学方法论十二讲.大连:大连理工大学出版社,2007.

［18］闫萍,王见勇.泛函的理想凸性及其应用.数学的实践与认识,2004,34(11),153－158.

［19］刘守中.超球超椭球的面积及体积.西安工业学院学报,1985(3),60－67.

［20］杨锦钜.π是无理数的一种证明.佛山师专学报,1984(2),52－56.

［21］Hancock,H..Elliptic Integrals.New York:Wiley,1917.

［22］Byrd,P.F.and Friedman,M.D..Handbook of Elliptic Integrals for Engineers and Scientists.Second ed..New York:Springer-Verlay,1971.